LA SCIENCE DES SIXTIES

LA SCIENCE DES SIXTIES

Les avancées remarquables au temps des yéyés et de la Guerre froide

Sous la direction
de Olivier NÉRON DE SURGY
et de Stéphane TIRARD

8, RUE FÉROU 75278 PARIS CEDEX 06
WWW.EDITIONS-BELIN.COM
Belin

Retrouvez tous les ouvrages des éditions Belin sur notre site :
www.editions-belin.com

Si vous souhaitez être tenu informé de nos nouveautés, abonnez-vous à notre lettre gratuite des *Fous de sciences* :
fousdesciences@editions-belin.fr

ISBN **978-2-7011-8355-8**

SOMMAIRE

UNE DÉCENNIE RICHE DE BOULEVERSEMENTS

Les années 1960 paraissent remarquables par leurs tensions sociétales et leurs transformations radicales, souvent liées entre elles : la Guerre froide et la conquête spatiale ; les premières crises environnementales et l'émergence de l'écologie ; une forte croissance (celle des Trente Glorieuses), les mouvements de contre-culture et une grande propension à l'innovation.

Les scientifiques bénéficiaient alors d'une large confiance et faisaient autorité, avant qu'on s'interroge comme jamais auparavant sur l'innocence de leurs activités. En témoigne le rapport Brooks intitulé *Science, croissance et société*, commandé en 1969 par l'OCDE, publié en 1971, et livrant cette conclusion : *« Les priorités et les choix de la politique scientifique ont été déterminés par des pressions extérieures telles que la défense nationale, les considérations de prestige ou la concurrence sur les marchés mondiaux. »*

Cette décennie-là, dont nous sommes aujourd'hui séparés par deux générations, vient en quelque sorte d'entrer dans l'histoire : le « recul historique » peut être désormais revendiqué. Elle reste assez proche, néanmoins, pour conférer aux analyses une force particulière : comme la science elle-même, notre vie quotidienne hérite amplement des travaux menés au cours des « sixties ».

DES CHOIX HISTORIQUES ET PÉDAGOGIQUES

L'histoire peut aider chacun à comprendre dans quelles transformations passées s'ancrent certains traits de nos sociétés, qui incluent les recherches scientifiques actuelles, et il s'agit bien du premier objectif de ce livre. Cependant, toute production à caractère historique est réalisée selon une approche ou un intérêt particulier. Les récits proposés sont volontairement courts afin d'offrir au lecteur quelques idées et exemples importants aux yeux des auteurs, et cela dans de nombreux champs de connaissance. Ils livrent autant d'analyses qui, ensemble, donnent un éclairage original sur les années 1960.

Survoler de la sorte une décennie nécessite de faire des choix. Trouver un équilibre entre les différentes sciences, entre les sciences et les techniques, ainsi qu'entre les idées, les faits et les protagonistes… tel fut notre souci, mais pas notre priorité. Aussi pourrait-il manquer, en particulier aux yeux de certains connaisseurs, la présentation d'une découverte, l'évocation d'une discipline ou celle de quelques savants, et notamment des femmes – mais les femmes avaient-elles à l'époque toute la place qu'elles méritaient dans les laboratoires et dans les honneurs scientifiques ?

Nous n'avons pas davantage privilégié le moment de la découverte, mythifiée à l'excès par « l'éclair de génie », comme l'a rappelé Michel Morange[1]. Au contraire, nous souhaitions montrer que les avancées importantes sont en général des processus complexes, inscrits dans

1. À *quoi sert l'histoire des sciences ?* (Quæ, 2008).

la durée et dans un contexte particulier ; *a fortiori*, comme l'a écrit Pierre Joliot, cet autre biologiste, *« l'histoire des sciences nous montre que les concepts nouveaux se sont heurtés à l'incompréhension et même au rejet de la part des élites qui contrôlaient les structures d'évaluation »*[1]. C'est pourquoi les années ici déclinées comme autant de dates de référence sont celles d'expériences, d'élaborations d'idée, de publications, de remises en question, d'attributions de grand prix ou de conséquences notables dans la société, chacune des quarante-quatre histoires proposées mettant en avant seulement un ou deux acteurs majeurs de l'avancée produite[2]. Ainsi, par exemple, la datation par le carbone 14 a été mise au point dès les années 1940, mais elle a connu son plus large impact et des ajustements pendant les années 1960. Autre exemple : « l'hypothèse Gaïa », formulée en 1972, n'est devenue notoire qu'en 1974 mais c'est en 1967 que ses travaux fondateurs ont été présentés publiquement.

Par ailleurs, les années soixante commencent en 1960. C'est pourtant l'année 1957 qui fait l'objet des premiers récits, car l'Année géophysique internationale et le lancement de Spoutnik 1 furent alors deux événements scientifiques et techniques de très grande importance : ils ont initié de nombreuses démarches ou projets menés tout au long de la décennie suivante.

LE TEMPS LONG ET LES INGRÉDIENTS MULTIPLES DU SUCCÈS SCIENTIFIQUE

Une fois tous ces choix opérés, nous avons demandé aux auteurs, historiens des sciences ou scientifiques, mais tous spécialistes du domaine abordé, de présenter l'origine, les moyens, l'essence et les suites de ces avancées, par des propos largement accessibles et condensés, mais restant scientifiquement rigoureux. Nous les remercions pour l'enthousiasme avec lequel ils ont assumé toutes ces exigences. De leurs récits émergent divers « ingrédients » de l'aventure scientifique et de ses succès : un travail audacieux et opiniâtre, tel celui de la primatologue Jane Goodall ; une grande curiosité, comme celle du microbiologiste Thomas Brock ; une démarche transdisciplinaire, telle celle qui a permis l'invention de l'IRM ; un contexte géopolitique, comme ceux des conquêtes de l'Antarctique et de la Lune ; un intérêt collectif, tel celui d'Arpanet, qui préfigurait Internet ; une remise en cause de conceptions ou de méthodes, comme l'ont fait les philosophes Karl Popper et Ludwig von Bertalanffy.

Puisse le présent recueil contribuer à réduire les caricatures de la découverte scientifique, qui tendent à la faire apparaître comme soudaine, définitive, voire inhumaine car hasardeuse ou, au contraire, implacablement logique, et à raccrocher ainsi la science au temps social.

Olivier NÉRON DE SURGY et Stéphane TIRARD

1. *La recherche passionnément* (Odile Jacob, 2001).
2. Le genre auquel les synthèses proposées ici ont adhéré est inspiré de la rubrique « À la lumière de l'histoire » de la revue *Têtes chercheuses*, publiée dans les Pays de la Loire par l'Université de Nantes de 2007 à 2012 ; neuf de ses articles sont d'ailleurs repris, pour leur donner une seconde vie.

1957

LES SURPRISES DE VOSTOK

L'installation d'une station soviétique en Antarctique participe à une grande coopération internationale lancée malgré la Guerre froide. Des avancées climatologiques majeures vont s'ensuivre.

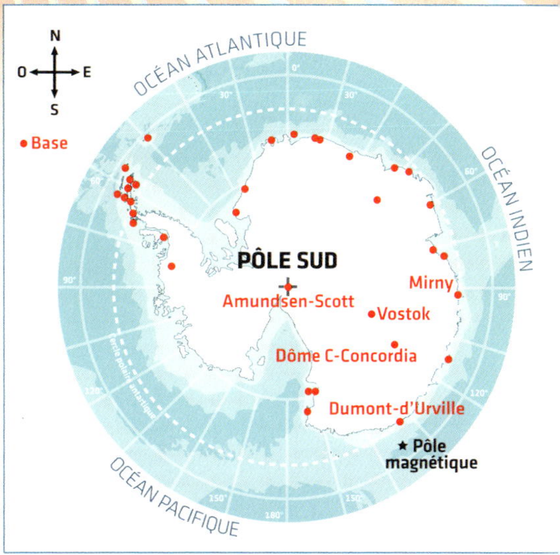

Bases de l'Antarctique.

Paris, juillet 1955. Les représentants de onze nations sont réunis pour préparer l'Année géophysique internationale (AGI) qui doit se dérouler du 1er juillet 1957 au 31 décembre 1958. Il s'agit de coordonner les efforts pour conduire des observations dans différents domaines scientifiques : météorologie, climatologie, géomagnétisme, activité solaire, etc. Le continent antarctique est particulièrement ciblé ; les États présents se répartissent des zones pour y installer quarante-quatre stations d'observation.

UNE EXPLORATION COLLECTIVE

En ce temps de Guerre froide, avoir une base en Antarctique est une affaire de prestige, et le lieu compte au moins symboliquement. Les Français, présents en Terre Adélie depuis 1950, obtiennent le pôle Sud magnétique, proche de Dumont d'Urville, leur base côtière. Les Américains optent pour le pôle Sud géographique ; ils y construiront la station Amundsen-Scott. Les Soviétiques héritent du pôle d'inaccessibilité, point le plus éloigné de la mer, et du pôle géomagnétique, qui serait le pôle magnétique de la Terre si celle-ci était magnétiquement homogène ; c'est en ce second lieu que sera installée la station Vostok. Des sondages sismiques et d'autres observations seront réalisés au cours des expéditions afin d'évaluer l'épaisseur de la glace, la quantité de neige tombée annuellement, le déplacement du glacier, etc.

Distante de 1 410 kilomètres de la station côtière Mirny, Vostok est située à 3 480 mètres d'altitude, sur un vaste plateau. Une piste permet aux avions munis de skis d'y déposer hommes, tracteurs et autres matériels. D'une

La station Vostok en 1967.

moyenne annuelle de -55°C, la température y avoisine -30°C au milieu de l'été austral, puis chute lors de la nuit polaire, parfois sous -70°C ; elle atteindra -89,3°C en 1983, valeur la plus basse enregistrée sur Terre. La station est inaugurée le 15 décembre 1957, après deux années d'efforts, et le pôle d'inaccessibilité est atteint l'année suivante par un convoi de tracteurs parti de Mirny. Ce double succès de l'URSS est salué par les autres nations.

L'AGI est une réussite et, en 1959, les États conviennent de poursuivre leur collaboration en signant le traité Antarctique, que leurs gouvernements ratifient dès 1961 pour une durée de 30 ans. Les termes de ce traité vouent « le sixième continent » à la recherche scientifique, gèlent les revendications territoriales au-delà de 60 degrés sud et y interdisent toute opération à visée militaire, tandis qu'une organisation internationale, le Scar (Scientific Committee for Antarctic Research), facilite les collaborations des chercheurs. Le traité sera reconduit en 1992 pour une durée de 50 ans et amendé en faveur de la protection de l'environnement, avec l'interdiction d'extraire des minerais ou des hydrocarbures.

LA COURSE AUX CAROTTES

Les carottages de glace figuraient aux programmes de l'AGI, mais leur réalisation dut attendre la mise au point de techniques d'extraction et d'analyse adéquates. Après un premier forage réalisé en 1966 au Groenland, les Américains atteignent la profondeur de 2 138 mètres dans l'ouest de l'Antarctique, en 1968. Les carottes extraites révèlent les grands traits du climat au cours des derniers 80 000 ans. Les Soviétiques réalisent leur premier carottage en 1975 ; celui qu'ils effectuent en 1982, de 2 083 mètres, permet de retracer les variations climatiques sur 150 000 ans. Cette « carotte de Vostok » est étudiée en collaboration avec des Français sous la houlette de Claude Lorius, dont les techniques d'analyse performantes incluent une méthode de mesure de la concentration en dioxyde de carbone (CO_2) des bulles d'air piégées dans la glace.

Les variations de la température moyenne de l'atmosphère sont retracées principalement grâce à la mesure des concentrations de la glace en isotopes de l'oxygène, à différentes profondeurs. Près de 98 % des atomes d'oxygène de l'eau de l'atmosphère et des mers sont de l'oxygène 16 (^{16}O, qui contient 8 protons

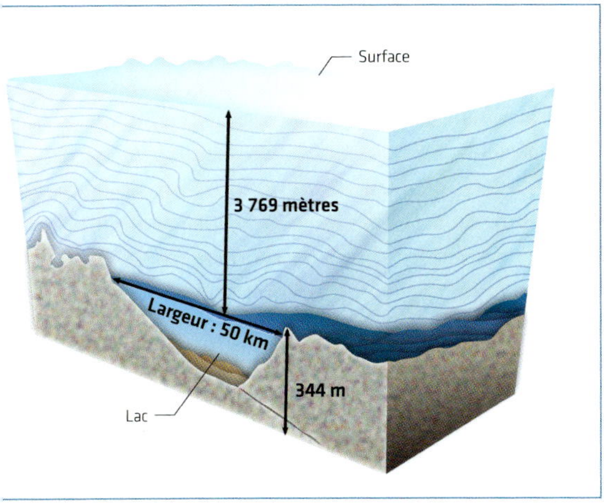

Le lac sous-glaciaire Vostok. À près de 4 km sous la station installée par les Soviétiques dès 1957 gît un immense lac pouvant abriter une vie microbienne.

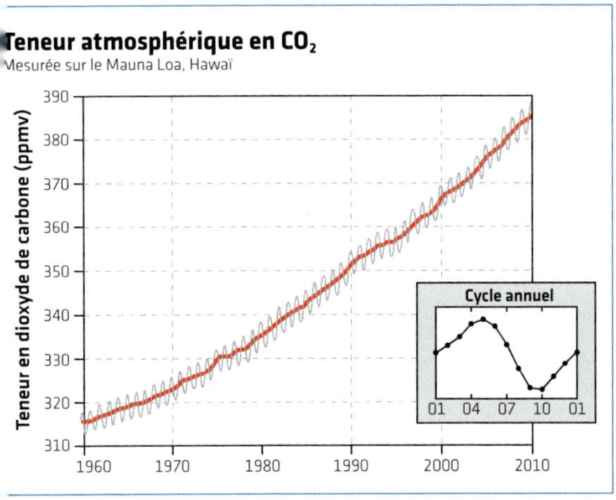

Évolution de la concentration en CO_2 atmosphérique depuis 1960 à Hawaï.

et 8 neutrons) ; 2 % sont de l'oxygène 18 (^{18}O, 8 protons et 10 neutrons). L'eau $H_2{}^{16}O$ est plus légère que l'eau $H_2{}^{18}O$; c'est pourquoi elle s'évapore plus facilement et se condense moins rapidement que $H_2{}^{18}O$, et plus la température est élevée, plus elle se trouve en phase gazeuse et moins elle est abondante dans les précipitations, donc dans les glaces de surface.

Alerte carbonique

À la fin du XIXe siècle, on concevait que les échanges de CO_2 entre l'atmosphère et les océans dans lesquels ce gaz se dissout puissent gouverner les glaciations. Le Suédois Svante Arrhenius prédit aussi, dès 1896, que les émissions de CO_2 dues à la combustion du charbon allaient augmenter la température atmosphérique moyenne par un effet de serre accru. Révisée dans les années 1950, cette conjecture devenait une préoccupation face à l'utilisation croissante des énergies fossiles : S. Arrhenius avait prévu un doublement du CO_2 atmosphérique et une augmentation de la température de 4 à 6 degrés en trente siècles ; on projetait désormais de tels changements sur moins de cinq siècles.

Les variations effectives de la concentration du CO_2 restaient toutefois à documenter. Les premières mesures systématiques furent lancées en 1958 par Charles Keeling à l'observatoire de Hawaï, loin de toute zone industrielle ; ce pionnier laissera son nom à la courbe qui montre les oscillations annuelles de cette teneur et son augmentation au fil des décennies.

Depuis 1988, le Giec (Groupement intergouvernemental pour les études du climat) rassemble divers experts afin d'évaluer l'amplitude et les conséquences du changement climatique. Les données collectées montrent que la teneur en CO_2 passe de 280 parties par million en volume (ppmV) avant 1850 à plus de 400 ppmV en 2013 et devrait doubler d'ici à 2100 ! En tenant compte des autres sources d'effet de serre (méthane et ozone, notamment), le Giec a récemment prévu qu'un réchauffement global de deux à six degrés se produira dans le même temps. La diminution de l'épaisseur de la glace arctique et la fonte des glaciers de montagne étayent cette prévision.

LES CLIMATS RETRACÉS

Les résultats d'analyse de la carotte de Vostok permettent pour la première fois de décrire l'épisode interglaciaire intervenu il y a environ 120 000 ans. Comme les indices climatiques enregistrés dans les sédiments marins, ils montrent des oscillations dont les périodes de 40 000 et 20 000 ans sont caractéristiques des variations de l'orbite de la Terre autour du Soleil. Ce constat conforte l'hypothèse de l'origine astronomique du rythme des glaciations, proposée par le Serbe Milutin Milankovitch dès 1941.

La plus grande surprise provoquée par cette carotte provient de l'air de ses bulles : en remontant le temps, les oscillations de la teneur en CO_2 suivent celles de la température atmosphérique. Cette observation inédite de l'interaction entre climat global et CO_2 atmosphérique permet de rendre compte d'un écart entre deux évaluations : la contribution des variations orbitales aux fluctuations de la température moyenne ne semble pas excéder deux degrés, alors que l'amplitude effective de ces fluctuations en atteint plutôt six. La différence provient de la contribution du CO_2 à l'effet de serre ; cette contribution n'est pas la cause des changements climatiques mais elle les amplifie.

Depuis 1982, la collaboration internationale s'est organisée pour maintenir la station Vostok et entreprendre de nouveaux forages. En 1999, une carotte de 3 350 mètres a permis de confirmer la corrélation précédemment décrite et l'a étendue sur 400 000 ans ; celle du forage européen Epica réalisé en 2004 sur le site « du Dôme C », près de la base franco-italienne Concordia, l'a prolongée jusqu'à 800 000 ans.

Vostok continue de tenir en haleine la communauté scientifique : sous 3 769 mètres de glace, un lac de 250 kilomètres de long y a été détecté, puis atteint en 2012 ; il pourrait receler une vie microbienne.

Jean-Robert PETIT

En complément

- *Planète blanche. Les glaces, le climat et l'environnement*, Jean Jouzel, Claude Lorius et Dominique Reynaud (Odile Jacob, 2008).
- *Voyage dans l'anthropocène. Cette nouvelle ère dont nous sommes les héros*, Claude Lorius et Laurent Carpentier (Actes Sud, 2013).
- *Vostok, le dernier secret de l'Antarctique*, Jean-Robert Petit (Paulsen, 2013).
- www.cnrs.fr/cw/dossiers/dosclim1/rechfran/4theme/paleo/vostok.html
- www.cnrs.fr/cw/dossiers/dosclim1/rechfran/4theme/pagsuiv6.htm

AUSSI EN 1957

- **L'ingénieur canadien Lewis Urry met au point la première pile de longue durée, à la poudre de zinc et au dioxyde de manganèse.**
- **Le physicien allemand Rudolf Mössbauer découvre un cas particulier d'interactions entre photons et atomes. Cet effet qui porte son nom est exploité en spectroscopie, par exemple pour connaître le niveau d'oxydation d'un matériau contenant du fer.**

SPOUTNIK 1 OU L'ESPACE CONQUIS

Le lancement *Spoutnik 1* par l'URSS ouvre la voie aux excursions humaines hors de l'atmosphère terrestre.

Une fusée *Semiorka*.

Le 4 octobre 1957, l'URSS réussit le lancement de *Spoutnik 1* au moyen d'une fusée *Semiorka*, dérivée du missile balistique R-7 récemment conçu. Ce tout premier satellite artificiel, pesant 83 kilos, gravitera pendant trois mois autour de la Terre. Les Soviétiques prennent ainsi la tête de la « course à l'espace ».

DÉMONSTRATIONS DE PUISSANCE

Il a fallu seulement cinq tirs d'essai et cinq mois d'ajustements après le premier tir pour que la nouvelle fusée touche au but. Outre l'exploit technique, il s'agit surtout de faire valoir à la face du monde, dans le contexte de la Guerre froide, le potentiel des missiles intercontinentaux soviétiques. L'événement est d'autant plus emblématique qu'il a lieu lors du quarantième anniversaire de la Révolution d'Octobre en Russie. *Spoutnik 2*, connu pour avoir transporté la chienne Laïka, est mis en orbite dès le 3 novembre. Les États-Unis, quant à eux, lancent leur premier satellite en janvier 1958.

Le record d'altitude battu par l'avion américain X-15, qui atteint 50,3 kilomètres le 30 mars 1961, est éclipsé treize jours plus tard par le premier séjour d'un homme dans l'espace : le 12 avril, le Russe Youri Gagarine effectue, à bord de *Vostok 1*, une révolution autour de la Terre. Le président John Kennedy relève alors le défi et s'engage à ce qu'un Américain marche sur la Lune... avant la fin de la décennie ! Ce sera chose faite en 1969.

Les vols spatiaux habités sont l'expression d'une compétition acharnée entre les deux grandes puissances jusqu'à la fin des missions Apollo, en 1972. Par la suite, les enjeux stratégiques et géopolitiques ne sont pas démentis, notamment par la multiplication des satellites espions, mais la course à la maîtrise des techniques spatiales se traduit davantage par la mise en orbite de nombreux satellites civils devenus cruciaux pour les télécommunications, la météorologie, la localisation (avec le *Global Positioning System*) ou l'observation des ressources terrestres. La recherche fondamentale en profite également : le télescope spatial *Hubble* ouvre de nouveaux horizons aux astronomes et, comme maintes sondes scientifiques après Spoutnik, fait progresser la connaissance de l'Univers.

DES DESSEINS TOUJOURS POLITIQUES

L'ambition la plus fondamentale des projets spatiaux reste néanmoins l'exploration humaine : retourner sur la Lune, visiter Mars... En parvenant, en 2003, à placer à son tour son premier taïkonaute en orbite avec son propre lanceur, la Chine témoigne sans doute de cette aspiration universelle.

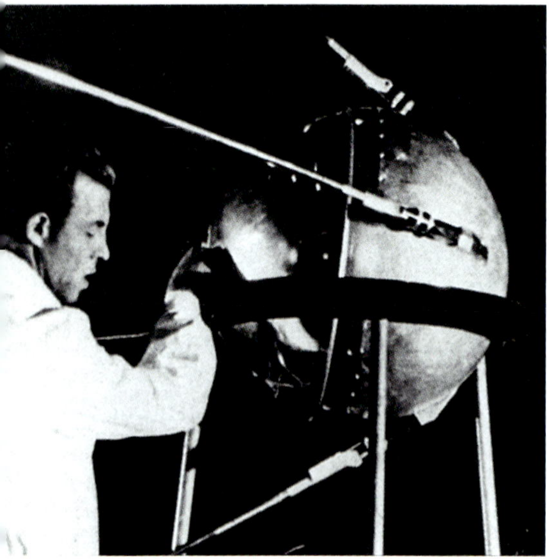

Spoutnik 1. Il comportait deux émetteurs destinés à collecter des données de pression et de température internes et à étudier la propagation des ondes. L'étude de sa trajectoire a fourni des informations sur la densité de la haute atmosphère terrestre.

Or, depuis la fin de la Guerre froide, un débat très vif, scientifique autant qu'économique, oppose les tenants des vols habités à ceux des missions automatisées : est-il indispensable que ces explorations soient pratiquées directement par l'Homme alors que des sondes téléguidées peuvent les effectuer avec des coûts bien moindres ?

Les grands programmes spatiaux font aujourd'hui l'objet de collaborations entre États. C'est en particulier le cas des missions à caractère scientifique, mais, comme en témoignent les discussions sur l'avenir de la Station spatiale internationale, ce type de missions n'est pas une priorité constamment partagée. Si les Américains se désolidarisaient pour investir, par exemple, dans des missions sur la Lune ou sur Mars, Européens et Russes pourraient-ils prolonger le programme comme ils le souhaitent ?

Quoi qu'il en soit, l'heure du tourisme spatial est venue : des individus fortunés peuvent désormais s'offrir un séjour en orbite. Encore anecdotiques, ces voyages rappellent que l'aventure spatiale ne fait que commencer. Les principaux défis techniques portent à présent sur la maîtrise des vols de longue durée : endurance physiologique et psychologique ; longévité des matériels ; moyens de propulsion plus efficaces ou plus économes, utilisant par exemple les rayonnements du Soleil. Aujourd'hui comme en 1957, ces défis demeurent empreints de desseins politiques et emblématiques.

Stéphane TIRARD

En complément

- *À la conquête de l'espace : de Spoutnik à l'homme sur Mars*, Jacques Villain (Vuibert, 2007).
- www.cnes-multimedia.fr/dossiers/50ans/
- http://reflexions.ulg.ac.be/cms/c_9511/spoutnik-premier-satellite-artificiel

LA SUPRACONDUCTIVITÉ ÉCLAIRÉE

Certains matériaux sont capables de perdre toute résistance au courant électrique. Ce phénomène étonnant trouve une première explication près de 50 ans après son observation.

Aimant en lévitation due à l'effet Meissner dans le supra situé en dessous.

Lorsque l'Américain Leon Cooper reçoit son prix Nobel, en 1972, il cite dans son discours[1] *La science et l'hypothèse* du mathématicien français Henri Poincaré : « *Le savant doit ordonner ; on fait la science avec des faits comme une maison avec des pierres ; mais une accumulation de faits n'est pas plus une science qu'un tas de pierres n'est une maison.* »

C'est à la mise en cohérence des propriétés de la supraconductivité de certains métaux ou alliages à très basse température que se sont livrés quinze ans plus tôt L. Cooper, John Bardeen et son jeune assistant John Schrieffer, tous les trois « nobélisés ». Ce travail paraît d'autant plus important dans l'histoire des sciences que, comme le souligne J. Schrieffer, la supraconductivité est un exemple remarquable de phénomène quantique directement observable à l'échelle macroscopique.

1. *Cf.* www.nobelprize.org/nobel_prizes/physics/laureates/1972/

UNE JUNGLE ÉLECTRONIQUE

Il fallait à la fois comprendre la conductivité électrique parfaite des matériaux dits supraconducteurs (aussi nommés « supras »), découverte en 1911 par le Néerlandais Kamerlingh Onnes, la discontinuité de leurs capacités thermiques à la température de transition de phase (sous laquelle la supraconductivité apparaît), leur « fragilité » (ils basculent vers la phase « normale » lorsque le courant électrique ou le champ magnétique auxquels ils sont soumis dépassent une certaine valeur critique), ainsi que leur diamagnétisme parfait. Cette dernière propriété, aussi nommée « effet Meissner », du nom de l'un des deux Berlinois qui l'ont découverte en 1933, traduit l'incapacité d'un champ magnétique à pénétrer le matériau. Cet effet est spectaculaire parce qu'il permet la lévitation d'un aimant au-dessus d'un supra.

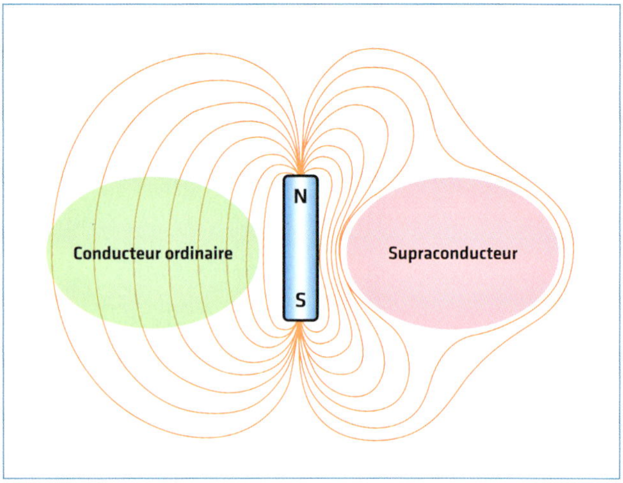

Effet Meissner. Le champ magnétique de l'aimant ne pénètre pas dans le supra.

En 1935, l'effet Meissner fut aussi, grâce à l'Allemand Fritz London qui s'était alors réfugié en France, le point de départ d'une théorie phénoménologique de la supraconductivité. L'année précédente, les Néerlandais Cornelius Gorter et Hendrik Casimir avaient déjà distingué deux catégories d'électrons : « normaux » et « supra ». F. London modifie la loi d'Ohm de la résistivité électrique de façon à décrire le mouvement sans frottement des électrons supra. De plus, afin d'expliquer l'effet Meissner, il suppose indépendante du champ magnétique la « fonction d'onde » des électrons, l'outil mathématique qui joue en mécanique quantique le rôle de l'équation de trajectoires dans la mécanique classique. Ces opérations théoriques lui permettent de comprendre que le diamagnétisme (aimantation induite, de champ opposé au champ appliqué) d'un supra n'est parfait qu'en profondeur et que le champ magnétique pénètre une couche mince en surface.

Le train « Shangaï Maglev ». Grâce à ses rails supraconducteurs, il atteint la vitesse de 501 km/h en lévitation.

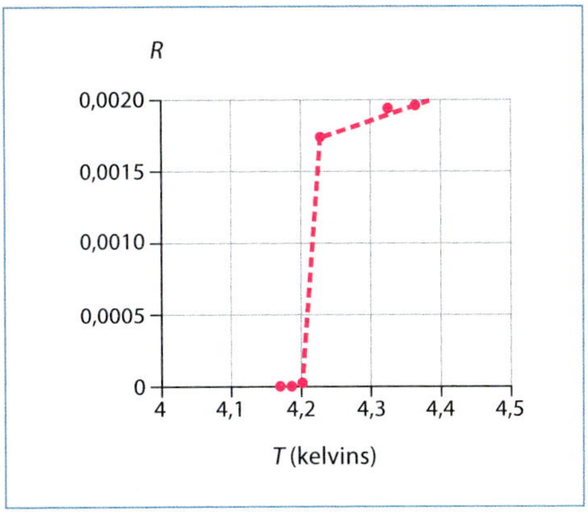

Transition supraconductrice du mercure.
Lorsque la température *T* du mercure diminue, la résistance électrique *R* (rapportée à la résistance à 0 ° C) d'un barreau de mercure baisse linéairement puis chute brutalement vers 0 lorsque *T* atteint 4,2 K.

Le modèle de London ouvre une brèche dans laquelle s'engouffrent après la guerre les chercheurs soviétiques Vitaly Ginzburg et Lev Landau : ils appliquent la théorie des transitions de phase de Landau à la fonction d'onde des « électrons condensés » (les électrons supra). En 1952, un autre Soviétique, Alekseï Abrikosov, en déduit qu'il doit exister un deuxième type de supra, que les lignes magnétiques peuvent traverser partiellement ; cependant, une théorie microscopique utilisant les outils de la physique quantique du solide manque toujours pour décrire précisément ces électrons condensés.

LES PAIRES DE COOPER ET LA THÉORIE BCS

Ainsi que l'expliquera à son tour J. Bardeen lors de la cérémonie du prix Nobel, c'est la découverte en 1950 de « l'effet isotopique » qui a permis de réaliser la description recherchée. Deux équipes américaines observent alors que la température critique varie en fonction de la masse de l'isotope de mercure utilisé. Cette variation trouve vite une explication : en fonction du nombre de neutrons des ions du

Un grand froid renversant

La supraconductivité fut observée pour la première fois en 1911 à Leyde, aux Pays-Bas. Dans leur laboratoire de pointe en cryogénie, Heike Kamerlingh Onnes et son équipe avaient, trois ans plus tôt, réussi à condenser l'hélium. Ce liquide obtenu à 4 kelvins (4 K, soit -269°C) et la construction d'un cryostat adapté leur permirent d'explorer les propriétés de la matière au voisinage même du zéro absolu (-273,15°C).

Le physicien néerlandais s'intéressa notamment à la loi de variation de la résistivité électrique des métaux. En observant du platine à très basse température, il vit que sa résistivité décroît lorsque la température diminue. Or, selon l'hypothèse propre à la mécanique classique de Lord Kelvin, elle devait tendre vers l'infini : les électrons étaient censés s'immobiliser à l'approche du zéro absolu, rendant impossible la circulation du courant. Le modèle de Kelvin fut ainsi réfuté par l'expérience.

K. Onnes constata que la résistivité cesse néanmoins de diminuer en deçà de 4,25 K. Ayant compris que cet arrêt était dû à la présence d'impuretés, il décida d'utiliser du mercure très pur qu'il avait solidifié dans de l'azote liquide. Cette fois, avec la chute de la température, il observa non seulement une décroissance linéaire de la résistivité mais aussi sa disparition soudaine à 4,2 K. Il vit immédiatement dans cet autre phénomène inattendu, qu'il allait bientôt reproduire avec l'étain et le plomb et qu'il pressentit relever de la « théorie des quanta » alors en plein développement, un nouvel état de la matière : l'état « supraconducteur ».

Les causes de la supraconductivité restaient mystérieuses lorsque K. Onnes, prix Nobel en 1913, décéda en 1926 sans avoir vu la moindre application de sa découverte.

métal, les vibrations ou « phonons » de ces ions influent différemment sur les électrons supra.

Le trio BCS (Bardeen, Cooper, Schrieffer) se forme en 1955 et, très vite, L. Cooper développe le concept de paire d'électrons liés par un potentiel d'attraction, alors que les électrons se repoussent naturellement à cause de leur charge négative. Selon ce qu'on nommera bientôt « le modèle BCS », un électron attire un ion positif sur son passage ; celui-ci étant beaucoup plus lourd que l'électron, il « tarde » à revenir à sa place initiale, cette inertie créant un déséquilibre de charge qui attire un autre électron et le lie au premier. L'énergie de corrélation, qui est l'énergie – très faible – nécessaire pour briser la paire, n'affecte pas les électrons normaux. À la condition que leurs spins (des grandeurs quantiques) soient opposés, les électrons supra de chaque paire occupent un vaste espace dans le réseau des ions, passant sans cesse d'un état de paire à l'autre grâce aux phonons du réseau.

DES RÉVOLUTIONS ENCORE À VENIR

Cette théorie BCS, publiée en 1957, permet notamment de justifier les postulats qu'avait formulés F. London pour décrire l'effet Meissner. Grâce à elle, il devient possible de relier dans un même schéma théorique les propriétés des supras alors connus. Elle n'explique pas encore très bien, en revanche, comment se forment les paires de Cooper dans les matériaux supraconducteurs « à haute température » (HTSC) inventés à partir de 1986. Cette année-là, l'Allemand Johannes Georg Bednorz et le Suisse Alex Müller ont ravivé l'intérêt des scientifiques pour la supraconductivité en débusquant celle-ci dans des oxydes de cuivre à la température record de 35 kelvins (-238°C).

La course aux « hautes températures » n'a cessé depuis lors, et des HTSC ont été trouvés à celle de l'azote liquide (-196°C au plus), que l'on peut produire et maintenir à un coût relativement faible. Aujourd'hui, les supras sont largement utilisés dans des électro-aimants, notamment en imagerie médicale, dans les accélérateurs de particules, pour le confinement ou la lévitation magnétique, pour le stockage et le transport de l'énergie. Les propriétés des films d'oxydes supraconducteurs en font des candidats pour réaliser les transistors nécessaires à la poursuite la miniaturisation des microprocesseurs.

Nul doute que la théorie BCS, parce ce qu'elle a su « ordonner les faits », aidera encore à avancer dans la compréhension et l'utilisation potentiellement révolutionnaires de la supraconductivité.

Jean-Luc GODET-LARTIGAUD

En complément

- *La supraconductivité, 100 ans après*, Stephen Blundell (Belin, 2011).
- www.supraconductivite.fr
- www.nobelprize.org/nobel_prizes/physics/laureates/1972/
- The Discovery of the superconductivity, Dirk van Delft et Peter Kes (*Physics Today*, sept. 2010).

AUSSI EN 1957

- Le Français Roland Barthes publie *Mythologies*, un essai de sémiotique visant à montrer comment les signes et leurs usages structurent l'imaginaire et les relations sociales.
- Au Royaume-Uni, le Medical Research Council publie une synthèse d'études montrant le lien entre le tabagisme et le cancer du poumon.

1958

Jean Dausset en 1980.

UN GRAND PAS POUR L'IMMUNITÉ

La découverte des « marqueurs HLA » à la surface des cellules humaines bouleverse la connaissance du système immunitaire et les stratégies de lutte contre de nombreuses maladies.

Les groupes sanguins A, B, AB et O sont connus depuis 1900. On savait alors qu'en fonction de ses antigènes (des composés moléculaires aussi nommés « marqueurs » et présents ou non à la surface des cellules), l'organisme d'un individu donné ne peut tolérer de recevoir du sang de quiconque car il est presque toujours capable d'identifier et de détruire ce qui lui est étranger.

Jusqu'en 1958, on ignorait qu'une autre série de marqueurs essentiels à la défense de l'intégrité de l'individu existe sur presque tous les types de cellules. Cette année-là, l'hématologue français Jean Dausset publie sa découverte : à la surface des leucocytes humains, des globules blancs présents dans le sang et dans la lymphe, il existe des marqueurs, nommés HLA (pour *Human Leucocyte Antigens*), qui sont impliqués dans le rejet des greffes. Peu avant lui, l'Américain George Snell avait conclu à l'existence d'un système antigénique équivalent chez les souris, baptisé CMH (complexe majeur d'histocompatibilité). Ces travaux, complétés par ceux d'un autre immunologiste américain, Baruj Benacerraf, vaudront aux trois chercheurs le prix Nobel de médecine en 1980.

UNE AUBAINE POUR LA MÉDECINE ET POUR L'HISTOIRE

La diversité des marqueurs HLA surprend les spécialistes. Codés par plusieurs gènes localisés sur un seul chromosome, ils présentent

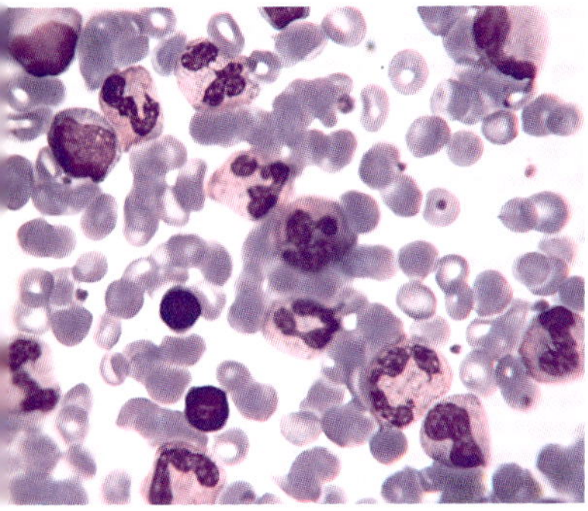

Cellules sanguines : globules blancs (leucocytes) et globules rouges (hématies).

une multiplicité de combinaisons si grande qu'une complète identité biologique entre deux personnes, vrais jumeaux exceptés, est très improbable. Ce constat apporte un éclairage inédit sur l'unicité des individus. La répartition des différents antigènes HLA apparaît également très variable d'une population à l'autre, ce qui va aider à mieux décrire les migrations humaines au travers des époques.

Cette découverte jette les bases de l'immunologie de la transplantation, décisives dans le succès actuel des greffes d'organes. Elle est aussi et surtout essentielle pour comprendre les réponses immunitaires ciblées contre les agents pathogènes étrangers (« du non-soi »), comme les virus, et contre nos propres cellules (« du soi » ou « du soi altéré ») dans le cas des cancers ou des maladies auto-immunes telles que la spondylarthrite ankylosante et la sclérose en plaques.

LE CHAÎNON IMMUNOLOGIQUE MANQUANT

Jusqu'au milieu des années soixante-dix, la seule réponse immunitaire bien connue met en scène des anticorps, molécules complexes circulant dans l'organisme ou enchâssées dans les membranes cellulaires, capables de reconnaître et d'éliminer des antigènes étrangers ; les mécanismes de réaction des cellules immunitaires elles-mêmes demeurent toutefois obscurs. Dès lors, de nombreux travaux expérimentaux, menés sur des animaux ou sur des cellules humaines, bénéficient de la création de nouvelles techniques biochimiques et de nouvelles connaissances en génétique moléculaire : ils permettent de décrire la véritable fonction biologique des marqueurs HLA. Il s'agit de molécules qui présentent, à la surface cellulaire, des peptides (fragments de protéines) d'agents infectieux ou des peptides du soi. Ces peptides sont accessibles à une classe particulière de globules blancs, les lymphocytes T, qui peuvent alors les identifier et réagir soit en tuant la cellule reconnue comme cancéreuse ou comme infectée, soit en stimulant ou en inhibant une autre composante de la réponse immunitaire, exerçant ainsi un effet régulateur. Des anomalies de cette régulation sont en cause dans les maladies auto-immunes.

L'analyse de ce mécanisme se révèle cruciale dans la compréhension de la régulation du système immunitaire. Elle est au cœur du nouveau paradigme de l'immunologie, tandis que le précédent était fondé sur l'idée d'une prépondérance de la réponse humorale (*via* les seuls anticorps). Le développement de nouvelles stratégies de vaccination contre des agents pathogènes insensibles à l'action des anticorps et de lutte contre le cancer ou contre les maladies auto-immunes est aujourd'hui totalement dépendant de ce système de connaissances et de pensée.

Jacques LE PENDU

En complément

- *Clin d'œil à la vie : la grande aventure HLA*, Jean Dausset (Odile Jacob, 1998).
- www.larecherche.fr/actualite/aussi/systeme-hla-maladies-texte-integral-01-05-2000-81873
- www.inserm.fr/thematiques/immunologie-hematologie-pneumologie/dossiers-d-information/les-maladies-auto-immunes

UN BOUCLIER POUR LA VIE

Un physicien américain découvre la structure qui protège la surface de la Terre de particules mortelles et qui permet d'expliquer les aurores polaires : les ceintures de Van Allen.

Une aurore polaire.

Le premier février 1958, les États-Unis lancent leur premier satellite, *Explorer 1*, à bord duquel une équipe de l'Université d'Iowa, dirigée par James Van Allen, a installé un détecteur de particules. Vers 2 000 kilomètres d'altitude, le détecteur sature subitement. Quelques semaines plus tard, les mesures transmises par *Explorer 3* permettent de confirmer la découverte : la Terre est entourée d'une région dense en particules électriquement chargées (des protons et des électrons), bientôt nommée « ceinture de Van Allen ».

LA MAGNÉTOSPHÈRE RÉVISÉE

Le champ magnétique terrestre trouve son origine au centre de la Terre. Le noyau métallique liquide est en effet le siège de mouvements turbulents qui, à la manière d'une dynamo géante, induisent les courants électriques responsables du champ magnétique. Ce champ est comparable à celui d'un barreau aimanté à peu près aligné sur l'axe de rotation. Jusqu'en 1958, on pensait qu'il constituait une sorte de coquille imperméable aux particules chargées émises par le Soleil. La découverte de J. Van Allen et son équipe modifie cette vision : la magnétosphère ne dévie pas toutes les particules chargées qui se dirigent vers la Terre ; elle en capture parfois, au moins temporairement. Les particules piégées vont et viennent du voisinage d'un pôle terrestre à l'autre, tout en ondulant le long des lignes du champ magnétique, jusqu'à ce qu'elles interagissent avec les atomes de la haute atmosphère. Il arrive alors qu'elles provoquent des phénomènes lumineux : les aurores polaires.

L'existence d'une telle structure avait été pressentie dès les années 1900. Les Norvégiens Kristian Birkeland et Fredrik Carl Størmer ont alors montré que le champ magnétique terrestre

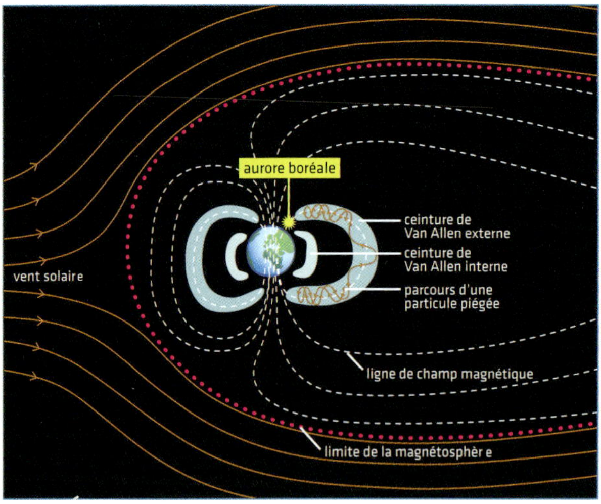

Magnétosphère et ceintures de Van Allen (coupe). Le vent solaire, flux de particules électriquement chargées (ici notées PEC) émises par le Soleil, rend dissymétrique le champ magnétique terrestre. Le plus souvent, les PEC ricochent sur la magnétosphère, région où ce champ a une influence dominante sur la dynamique des PEC. Lors des éruptions solaires, le vent solaire s'intensifie et la magnétosphère se rétrécit ; certaines PEC sont alors piégées dans la ceinture de Van Allen externe et y circulent jusqu'à interagir avec l'atmosphère. Ces éruptions augmentent soudainement la quantité d'électrons des atomes atmosphériques ainsi excités aux voisinages des cercles polaires, donnant lieu aux aurores australes (au sud) et boréales (au nord).

peut piéger des particules chargées, comme le fait le champ d'un barreau aimanté. Ce sont en partie ces travaux qui ont incité J. Van Allen à munir d'un compteur Geiger les satellites de la Nasa.

Au tournant des années 1960, les modèles et les mesures sont améliorés. On découvre qu'il existe non pas une mais deux ceintures. La première, qualifiée d'interne, n'excède pas 10 000 kilomètres d'altitude. Elle est constituée de particules chargées issues de l'interaction entre des rayons cosmiques (des particules ultra énergétiques issues d'explosions d'étoiles) et les atomes de la haute atmosphère. La seconde, externe, est plus vaste et contient essentiellement des particules éjectées du Soleil.

La capacité de piégeage durable de la magnétosphère est vérifiée expérimentalement en 1958 et au début des années 1960 : les Américains puis les Russes font exploser plusieurs bombes atomiques en haute altitude et parviennent à observer, pendant plusieurs années, les mouvements des électrons alors dispersés dans l'espace.

Des ceintures de sécurité dangereuses

L'étude des ceintures de Van Allen a ainsi bénéficié de la conquête spatiale, de modèles théoriques, d'intuitions scientifiques et de campagnes d'essais nucléaires. Elle a permis de mieux comprendre la magnétosphère et la façon dont la vie a pu se développer à l'abri des rayonnements ionisants.

Il reste néanmoins à connaître plus précisément les flux de particules dont font l'objet ces ceintures, notamment afin de mieux estimer les dangers des rayonnements en leur sein. Il s'agit de protéger plus efficacement les engins et les êtres vivants qui les traverseront lors des futures missions spatiales, surtout en période d'éruption solaire dont le flux intense de particules « gonfle d'énergie » les ceintures. Tel est l'objectif de la mission Van Allen Probes lancée par la Nasa en 2012 dans le cadre de son programme Living With A Star ; celle-ci a déjà découvert que la seconde ceinture se dédouble parfois.

Benoit LANGLAIS

En complément

- http://arena.obspm.fr/~luthier/mottez/intro_physique_spatiale/sommaire.html
- http://lws.gsfc.nasa.gov/missions.html

1959

KARL POPPER REDÉFINIT LA SCIENCE

***La logique de la recherche scientifique*, ouvrage d'un philosophe autrichien, fait sensation en proposant une nouvelle manière de distinguer les théories scientifiques des autres théories.**

En 1959 paraît la traduction anglaise de *La logique de la découverte scientifique* de Karl Popper, philosophe autrichien naturalisé britannique. Restée dans l'ombre depuis sa publication originale en 1934, la *Logique* marque une étape importante aussi bien dans l'épistémologie que dans les sciences expérimentales : depuis les années soixante, son concept central, la réfutabilité (parfois traduite par « falsifiabilité »), s'invite dans les travaux des physiciens, chimistes et biologistes.

Karl Popper en 1993.

LA RÉFUTABILITÉ COMME CRITÈRE DE LA SCIENTIFICITÉ

Selon K. Popper, toute théorie doit, pour être scientifique, satisfaire deux conditions : la cohérence (ses énoncés ne doivent pas être contradictoires) et la réfutabilité (elle doit pouvoir être testée, c'est-à-dire confrontée à des observations susceptibles de la rendre fausse).

Si K. Popper remplace ainsi l'exigence classique de vérifiabilité, voire de vérification, par celle de réfutabilité, c'est qu'une théorie n'est jamais définitivement démontrable. Il est impossible, en effet, de vérifier une hypothèse scientifique en examinant les cas particuliers qui se présentent à nous : quel que soit le nombre de cygnes blancs que l'on montrera pour étayer l'hypothèse « tous les cygnes sont blancs », il suffira d'exhiber un seul cygne noir pour la réfuter. Il reste qu'une théorie sera d'autant plus probable qu'elle aura passé avec succès un plus grand nombre de tests. K. Popper propose alors que la capacité d'une théorie à être réfutée ne soit pas considérée comme une faiblesse, mais au contraire comme une force : c'est le gage de sa scientificité.

La parabole des cygnes. On ne peut jamais prouver qu'une hypothèse, comme « tous les cygnes sont blancs », est vraie ; en revanche, on peut s'assurer qu'il est possible de la réfuter (en l'occurrence, il suffit d'exhiber un cygne qui ne soit pas blanc).

Deux nouvelles images de la science émergent ainsi : celle d'une construction sur pilotis, qui tient debout sans pour autant reposer sur un sol ferme, et celle d'une évolution par sélections successives, la connaissance étant définie comme l'ensemble des hypothèses ayant jusqu'à présent résisté aux tests.

POPPER CRITIQUE DE DARWIN

Le critère de la réfutabilité s'avère très puissant pour distinguer les théories scientifiques de celles qui relèvent de la « pseudo-science ». Tour à tour, K. Popper met à l'épreuve les grands édifices théoriques des XIXe et XXe siècles : la théorie de la relativité d'A. Einstein, la théorie de l'évolution de Ch. Darwin, la théorie psychanalytique de S. Freud et la théorie économique de K. Marx.

La théorie de Darwin, par exemple, pose plusieurs difficultés. La plus grave est que l'un de ses principes explicatifs majeurs, le principe de la sélection naturelle, semble ne jamais pouvoir être réfuté. En effet, celui-ci stipule que les individus les mieux adaptés à leur milieu survivent et se reproduisent davantage ; mais nous définissons par ailleurs les « individus les plus adaptés à leur milieu » comme… ceux qui « survivent et se reproduisent davantage » ! Par conséquent, ce que semble dire le principe de sélection naturelle, c'est que « les individus les mieux adaptés à leur milieu sont… les individus les mieux adaptés à leur milieu » ! Voilà un énoncé qu'aucune observation ne saurait réfuter.

Dans les années soixante-dix, K. Popper nuance sa critique de Darwin en posant que la théorie de l'évolution a un rôle très important à jouer dans la science en tant que « programme de recherche métaphysique », c'est-à-dire en tant que conception générale qui permet d'orienter la recherche. Dans les années quatre-vingts, il va plus loin en affirmant que la théorie de l'évolution, et toutes

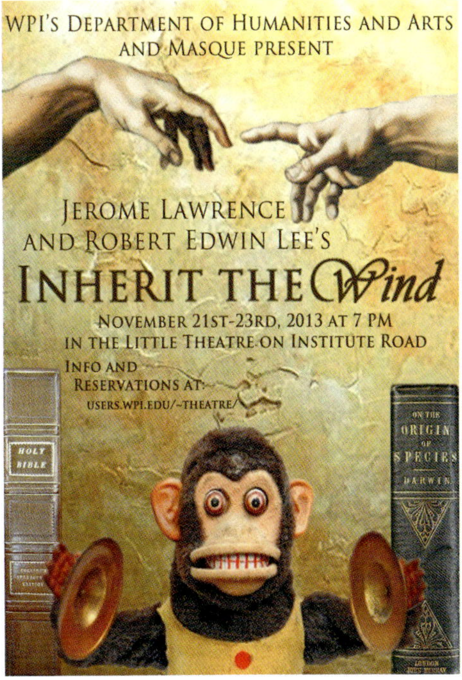

Affiche de la pièce de théâtre *Inherit the Wind* (*Le procès de singe*, 1955). Parallèlement à un nouveau questionnement épistémologique sur la théorie de Darwin, les années soixante ont connu l'annulation d'un certain nombre de lois « anti-évolution ». En 1967, notamment, fut abrogé le *Butler Act*, invoqué pour condamner en 1925, lors du fameux « procès du singe », un professeur d'une école publique du Tennessee pour avoir enseigné la théorie de l'évolution.

les théories à caractère historique, comme la tectonique des plaques, sont réfutables, et donc bien scientifiques, dans la mesure où elles permettent de dériver des prédictions qui le sont. Formulé de manière générale – « les individus les mieux adaptés à leur milieu survivent et se reproduisent davantage » –, le principe de sélection naturelle n'est pas réfutable ; il permet cependant de dériver des prédictions concernant la sélection de certains traits chez des espèces soumises à des pressions sélectives données ; ces prédictions peuvent, quant à elles, être soumises à des tests expérimentaux,

La science en principes et en pratique

Parmi les critiques adressées à *La logique de la découverte scientifique*, la plus grave est sans doute celle qui dénonce son défaut de réalisme : l'histoire des sciences montre en effet que l'on n'abandonne pas toujours une théorie parce qu'une observation semble l'avoir réfutée. Thomas Kuhn et Imre Lakatos, parmi d'autres, ont proposé des conceptions de la science qui prennent en compte cette critique.

Dans *La Structure des révolutions scientifiques* (1962), l'Américain T. Kuhn décrit une science qui évolue par « crises » et « révolutions » successives. Une crise se produit quand la « science normale », telle qu'on la pratique en un lieu et à une époque donnés, est confrontée à des « anomalies » si graves et si nombreuses que les scientifiques ne parviennent plus à en rendre compte, et finissent par y reconnaître des réfutations. Alors seulement une nouvelle théorie peut s'imposer. Si cette théorie est acceptée et reprise par une large communauté de scientifiques, une « révolution » se produit : elle devient le nouveau « paradigme » qui définira les problèmes, les lois et les méthodes de la nouvelle « science normale ».

De son côté, le Hongrois I. Lakatos juge en 1974 que les théories scientifiques doivent être considérées comme des « programmes de recherche ». Si nous conservons parfois une théorie alors qu'une observation semble l'avoir réfutée, c'est parce nous choisissons de protéger notre programme de recherche en « immunisant » les hypothèses qui en forment le noyau. Nous considérerons alors que les observations paraissant la réfuter affectent plutôt des hypothèses qui, tout en appartenant à la théorie, ne font pas partie de son noyau. Ainsi l'activité scientifique consiste-t-elle essentiellement à compléter et à modifier ces hypothèses, seules soumises au critère de la réfutabilité.

par exemple en plaçant des spécimens de ces espèces dans des environnements variés.

LA RÉFUTABILITÉ CONTRE LE DESSEIN INTELLIGENT

Aujourd'hui, c'est entre autres à l'hypothèse du « dessein intelligent[1] » (DI), l'une des formes contemporaines du créationnisme, que l'on pourrait opposer le critère de Popper. Selon les partisans du DI, les êtres vivants, organismes complexes et parfaitement adaptés à leur environnement, n'ont pu être conçus que par un être intelligent : Dieu. On pourrait leur répondre que l'adaptation des organismes semble, bien souvent, imparfaite. Dans *L'origine des espèces* (1859), Ch. Darwin donne l'exemple de l'abeille, qui ne peut piquer sans en mourir, son aiguillon muni de barbes restant inévitablement fiché dans l'organisme piqué quand elle s'en retire. En se plaçant sur le terrain des faits, cet argument fait cependant le lit des créationnistes, car il laisse entendre que le DI est une théorie réfutable, et donc scientifique ; il n'est par conséquent que d'un intérêt limité, car il nourrit la confusion au lieu de la dissiper.

Il convient par conséquent de quitter le terrain des faits, et de critiquer le DI de manière plus fondamentale : il ne respecte pas le critère de la réfutabilité. Faisons par exemple l'hypothèse qu'un caractère adaptatif donné, comme les monumentaux bois du cerf ou le spectaculaire plumage du paon, résulte d'une cause évolutive purement mécanique (en l'occurrence, la sélection sexuelle). Les partisans du DI acquiescent, mais s'empressent de remonter la chaîne causale pour placer, en amont de cette cause mécanique, une cause intelligente : le dessein divin. Ce dessein étant par définition situé hors de l'espace et du temps (on dit qu'il est *transcendant*), les promoteurs du DI « immunisent » leur hypothèse contre toute mise à l'épreuve de type poppérien : aucune observation présente, passée ou à venir ne saurait venir la réfuter. Le DI ne joue donc pas dans la même cour que la théorie de l'évolution ; en cela, il est semblable aux théories de Freud et de Marx : sa capacité à « absorber » toute observation susceptible de le réfuter témoigne de sa non-scientificité.

Sophie PÉCAUD

1. Intelligent Design, chez les Anglo-Saxons.

En complément

- *La logique de la découverte scientifique*, Karl Popper (Payot & Rivages, 2007).
- *Qu'est-ce que la science ? Popper, Kuhn, Lakatos, Feyerabend*, Alan C. Chalmers (La Découverte, 1987).
- *Guide critique de l'évolution,* Guillaume Lecointre (dir.) (Belin, 2009).

AUSSI EN 1959

- **Le premier cas de sida est détecté au Congo. Le virus responsable de cette maladie, le VIH, sera identifié en 1983 par les virologues français Luc Montagnier et Françoise Barré-Sinoussi.**
- **Le biochimiste japonais Hajime Hosokawa met en évidence la responsabilité d'une pollution par le mercure dans de nombreux décès survenus dans son pays, près de Minamata. Cette découverte va grandement contribuer à la naissance de l'écotoxicologie.**

LE SOMMEIL N'EST PLUS CE QU'IL ÉTAIT

Un neurobiologiste français découvre le sommeil paradoxal et renouvelle les questions sur les rôles biologiques du sommeil et du rêve.

Le sommeil a longtemps été considéré comme le simple pendant de l'état de veille, le moment de reposer le corps et l'esprit, et le rêve surtout conçu comme un moyen d'accès à un au-delà. Dès les années 1930, la neurophysiologie a suscité un questionnement nouveau, scientifique, portant sur les mécanismes du sommeil et du rêve, ainsi que sur leurs fonctions.

UN TROISIÈME ÉTAT CÉRÉBRAL

En 1952, les travaux conduits aux États-Unis par Nathaniel Kleitman mettent en évidence des phases de sommeil systématiquement accompagnées de mouvements oculaires rapides. Ces REM (pour *Rapid Eye Movements*) sont associés à une production onirique intense grâce à l'interview de sujets réveillés à différents stades de leur sommeil.

Peu après, le neurobiologiste français Michel Jouvet précise le rôle du cortex et celui de la formation réticulée du tronc cérébral lors des REM. Il montre que, chez le chat, un blocage des circuits de neurones contrôlant le tonus musculaire se produit durant cette phase. La concomitance d'une hyperactivité des structures corticales et sous corticales avec l'atonie musculaire le conduit, en 1959, à nommer « sommeil paradoxal » cet état.

M. Jouvet étudie des chats dont les lésions cérébrales empêchent la suppression du tonus musculaire : ils prennent des postures de chasse pendant leur sommeil. Cette observation sera

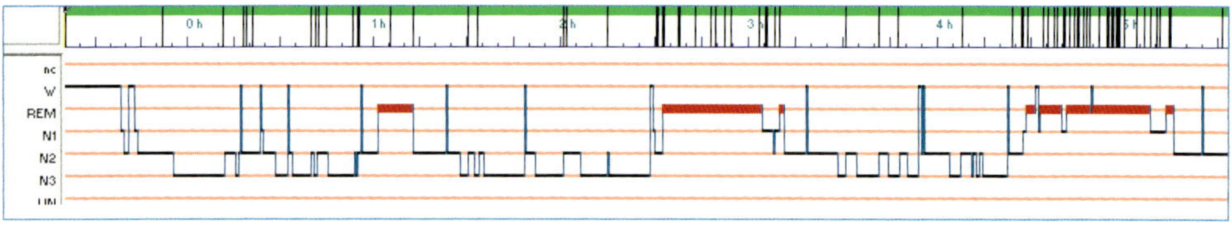

Hypnogramme réalisé lors d'une nuit de sommeil. Les phases de sommeil paradoxal apparaissent en rouge.

rapprochée de celle de patients atteints de lésions similaires et dont certains gestes correspondent aux activités dont ils sont en train de rêver.

Tout animal dort. Cependant, dans le règne animal, le sommeil paradoxal semble lié à l'homéothermie (la régulation de la température interne, présente chez les mammifères et les oiseaux). La dépense énergétique du cerveau en train de rêver se révélant plus importante que lors de la veille, il est attribué au « sommeil lent » (non paradoxal) une fonction de préparation du métabolisme nécessaire à l'irruption du sommeil paradoxal. Ce sommeil serait ainsi le « gardien du rêve ».

L'AVANTAGE DU RÊVE

Quant aux fonctions possibles du sommeil paradoxal, diverses hypothèses appuyées sur l'observation des troubles du sommeil sont avancées : entretien de circuits neuronaux, consolidation de la mémoire… On spécule aussi sur celles du rêve : purge d'informations inutiles, de pensées stressantes ou refoulées lors de la veille ; production d'idées plus audacieuses qu'en pleine conscience…

Les résultats des études entreprises depuis les années 1960 ont forgé un consensus sur l'utilité du sommeil paradoxal dans l'apprentissage et la mémorisation. Le génie génétique et la pharmacologie ont ouvert de nouvelles voies de recherche axées sur l'implication de gènes et de neurotransmetteurs. Parallèlement, l'imagerie cérébrale fonctionnelle a apporté des moyens d'observation bien plus précis qu'auparavant. Elle a révélé, par exemple, l'existence d'une activité intense du système limbique pendant ce sommeil, notamment dans l'hippocampe et l'amygdale, deux structures du cerveau fortement impliquées dans les émotions. Cette observation éclaire la différence d'impact émotionnel entre les rêves produits lors de cette phase et ceux du sommeil lent, plus rares. Poursuivant un objectif de caractérisation biologique, M. Jouvet a développé l'idée d'un rôle essentiel du sommeil paradoxal dans l'adaptation de l'individu à son environnement *via* une « reprogrammation » de circuits neuronaux : le rêve interviendrait lors de la mise en place de nouveaux réseaux de neurones à partir du tronc cérébral, afin d'explorer de nouvelles formes de pensée et pouvoir ainsi répondre efficacement aux problèmes rencontrés pendant la veille. En permettant à chacun de préserver les formes de pensée qui seraient au fondement de sa personnalité et sans doute liées à son patrimoine génétique, il serait aussi le « gardien des comportements particuliers ».

Cette piste continue d'être explorée. Quoi qu'il en advienne, l'idée d'un sommeil unique et simplement réparateur est désormais largement dépassée, et le rêve a investi aussi bien l'étude du fonctionnement cérébral que celle du comportement.

Béatrice NOGUES

En complément

- *Pourquoi rêvons-nous ? Pourquoi dormons-nous ?*, Michel Jouvet (Odile Jacob, 2000).
- *De la science et des rêves. Mémoires d'un onirologue*, Michel Jouvet (Odile Jacob, 2013).
- *Les mécanismes du sommeil*, Sylvie Royant-Parola (dir.) (Le Pommier, 2013).
- http://sommeil.univ-lyon1.fr

1960

L'INVENTION DE HOMO HABILIS

Un crâne d'homininé d'un genre inconnu puis d'autres fossiles très différents sont découverts en Afrique orientale. Qui est le premier à avoir taillé des outils ?

L'apparition du genre *Homo* revêt une importance majeure dans l'histoire de la grande famille de l'Homme, toujours largement débattue. La description de l'espèce *Homo habilis* a constitué ainsi un événement de premier ordre en paléontologie humaine. Cette découverte et ses suites sont riches de péripéties.

UN PREMIER FOSSILE

Depuis les années 1930, Louis Leakey et son épouse Mary mènent des recherches archéologiques en Afrique de l'Est, à la recherche des origines de l'Homme. En 1960, le paléontologue d'origine britannique raconte dans un article de journal quelques détails de leur campagne de fouilles menée l'été précédent à Olduvai, en Tanzanie. Le matin du 17 juillet 1959, Louis est souffrant ; il reste alité sous les conseils de Mary afin de ne pas mettre le séjour en péril. Mary, comme toujours entourée de ses dalmatiens, part sur le terrain et découvre un fossile. Il s'agit du crâne d'un homininé composé de plusieurs centaines de fragments, mais complet. Les époux Leakey le nomment Zinjanthrope (*Zinjanthropus boisei*) ; plus tard, on l'appellera

Crâne d'*Homo habilis* trouvé par Richard Leakey au Kenya en 1972. Les spécimens attribués à *Homo habilis* au sens large, qui inclue *Homo rudolfensis* pour certains paléontologues, mesurent entre 1,3 et 1,5 mètre. Leur volume cérébral est compris entre 500 et 800 cm^3, soit à peine la moitié de celui de l'Homme moderne. L'étude de leurs dents indique une adaptation à un régime alimentaire omnivore.
Les bras sont longs par rapport aux jambes, comme chez les australopithèques, et la main est robuste avec des phalanges incurvées. Ces premiers *Homo* ont vécu en Afrique orientale et australe il y a de 2,5 à 1,4 millions d'années, dans des environnements relativement ouverts. Ils ont croisé durant cette période plusieurs autres espèces d'homininés : des australopithèques, des paranthropes et divers représentants du genre *Homo*.

Paranthrope. Aussi appelé Zinj, nom swahili de l'Afrique orientale, ou « casse-noix » en raison de ses mâchoires et dents énormes, ce spécimen a un tout petit cerveau.

À la surprise des Leakey, de nombreux outils lithiques primitifs sont présents dans le même niveau stratigraphique que celui du crâne. L'association entre le fossile et les outils ne leur convient guère : ils espéraient trouver un spécimen appartenant clairement au genre *Homo* comme premier artisan d'outil. Ce Zinj paraît trop archaïque pour être capable de tailler ainsi les pierres !

Les deux époux poursuivent leurs recherches et, quelques mois plus tard en 1960, mettent au jour divers ossements dans la même strate, qui datent eux aussi d'environ 1,75 million d'années. Il y a là une mandibule, des fragments de crâne, des os de main et de pied... qui ont tous des caractéristiques anatomiques inconnues jusqu'alors.

Les époux Leakey sur le terrain en 1961.

DES CONCLUSIONS MISES EN DÉFAUT

En 1964, après la découverte de plusieurs autres spécimens, L. Leakey, Phillip Tobias et John Napier publient un article dans lequel ils décrivent ces différents fossiles et les attribuent à une espèce qu'ils nomment *Homo habilis*. Cette appellation, suggérée par l'Australien Raymond Dart, découvreur de l'Australopithèque, est choisie en particulier pour refléter l'idée que ses représentants étaient les plus anciens fabricants d'outils et disposaient du langage articulé. L'anatomie un peu moins « simiesque » et le cerveau un petit peu plus gros que ceux des australopithèques corroborent cette double hypothèse. Parce qu'il est supposé plus intelligent que ses prédécesseurs, *Homo habilis* est alors considéré comme un ancêtre direct de l'Homme actuel.

Des découvertes récentes, comme celle de l'Éthiopien Zeresenay Alemseged faite en 2009, ont en revanche montré que les australopithèques et les paranthropes partageaient la capacité de fabriquer des outils. C'est l'une des raisons pour lesquelles l'appellation *Homo habilis* reste discutée aujourd'hui. Certains chercheurs voient plusieurs espèces parmi les fossiles regroupés sous ce nom, d'autres proposent qu'ils ressemblent davantage aux australopithèques qu'aux représentants plus consensuels du genre *Homo*, et plus personne ne les considère comme un ancêtre direct et unique d'*Homo sapiens*.

Antoine BALZEAU

En complément

- *Histoire d'ancêtres,* La grande aventure de la préhistoire, Dominique Grimaud-Hervé, Frédéric Serre, Jean-Jacques Bahain, Roland Nespoulet (Artcom'/Errance, 4e édition, 2005).
- *La famille de l'homme,* Louis de Bonis (Belin, 1999).
- www.hominides.com/html/ancetres/ancetres-homo-habilis.php

LA BATAILLE DE LA PILULE

La contraception pharmacologique vient d'être mise au point aux États-Unis et se diffuse rapidement. En France, son usage va se développer dans un paysage politique qui lui est largement hostile.

Une affiche du Planning familial en 1978.

Le mouvement du planning familial n'a pas attendu 1960 et la commercialisation, aux États-Unis, de la « pilule du Docteur Pincus » pour réclamer le contrôle des naissances. Son appellation anglo-saxonne, *Birth Control*, prend alors en France une allure moderne, scientifique, pouvant aider à s'attaquer au drame des avortements clandestins, mais cet objectif reste difficile à défendre car la loi de 1920 interdit la contraception (sauf le préservatif, surtout utilisé dans les maisons closes contre les maladies vénériennes) et réprime tout acte ou discours attentatoire à la natalité. Dans la France exsangue de l'après-guerre, une majorité politique avait en effet réclamé des mesures drastiques contre la baisse démographique, perçue comme un déclin national ; les néomalthusiens, ces premiers militants du droit à la contraception, avaient subi une véritable répression, à l'image de leur chef de file, Eugène Humbert, condamné en 1921 à cinq ans de prison notamment pour propagande antinataliste...

L'ÉLAN DU PLANNING FAMILIAL

En 1956, alors que le baby-boom rassurait les partisans de la « grandeur nationale », est née Maternité heureuse, une association prônant la « régulation des naissances ». Elle prend le nom de Mouvement français pour le planning familial (MFPF) en 1960. Sa fondatrice, la gynécologue Marie-Andrée Lagroua Weill-Hallé, s'entoure de médecins qui veulent faire évoluer la position de leur ordre. Ce milieu

La pilule contraceptive a été légalisée en France en 1967 mais cette illustration promotionnelle, réalisée peu après, contrevient à la loi qui interdit la publicité.

favorable à la contraception, soutenu par la franc-maçonnerie, s'appuie sur une vision laïque de la société. L'Église catholique, de son côté, continue de s'opposer à toute sexualité non vouée à la procréation ; nombre de femmes s'éloignent alors d'elle.

L'opinion est divisée, en France comme ailleurs, à propos de la contraception, et plus encore au sujet de « la pilule ». Cette nouveauté suscite la controverse (Fait-elle grossir ? Rend-elle stérile ? Donne-t-elle le cancer ?) mais bénéficie d'une apparente simplicité comparée au stérilet. Les contraceptifs chimiques circulent clandestinement en France, tandis que la campagne du MFPF est renforcée par des partisans prestigieux, tels les prix Nobel de physiologie et de médecine Jacques Monod, André Lwoff et François Jacob, qui déclarent en 1965 : « *Du fait de l'évolution scientifique et technique, les lois qui régissent les relations entre les hommes ne peuvent plus être fondées sur une éthique datant de plus de vingt siècles. L'une des valeurs fondamentales d'une société moderne évoluée, c'est la liberté de l'individu dans le cadre des lois. Une telle société ne peut admettre que la femme demeure l'esclave de principes périmés.* »

DES CONVICTIONS INTIMES AUX LOIS

Grâce à des députés comme le gaulliste Lucien Neuwirth, impressionné par la liberté des jeunes Londoniennes, le Parlement légalise la contraception en 1967, sous certaines conditions (autorisation parentale pour les mineures, interdiction de la publicité). Cependant, de nombreuses résistances s'expriment encore

L'invention de « la pilule »

Le développement de la chimie des hormones, dans les années 1920, ouvrit la voie de la contraception pharmacologique. C'est sous l'impulsion de deux médecins-biologistes de Boston, Gregory Pincus et Min Chueh Chang, que cette avancée fut amorcée dès 1950. L'idée de départ s'appuyait sur un constat : l'ovaire est mis au repos pendant la grossesse (arrêt de l'ovulation) par l'augmentation de la sécrétion de progestérone. L'hypothèse selon laquelle cette hormone est un contraceptif naturel fut vérifiée lors de l'administration de doses élevées de progestérone à des lapines. Avec le concours de John Rock, G. Pincus et M. C. Chang testèrent avec succès une méthode séquentielle de contraception en administrant un estrogène au début du cycle d'ovulation puis, dans une deuxième phase, un progestatif.

Cependant, la progestérone étant inactive par voie orale, il fallait trouver un progestatif actif sans qu'il fût nécessaire de l'injecter. Le chimiste australien Arthur Birch trouva dans la 19-nortestostérone une molécule *ad hoc*, mais celle-ci ayant pour effet d'augmenter les risques d'hirsutisme, d'acné et de prise de poids, on s'orienta vers un autre dérivé, la 19-nor,17α-éthinyltestostérone, synthétisée par Carl Djerassi, Luis Miramontes et George Rosenkranz pour le compte de la société Syntex à Mexico. Plus connue sous le nom de noréthistérone ou de noréthindrone, celle-ci fut, dès 1951, le premier progestatif actif par voie orale.

Afin de contourner le brevet de Syntex, Franck Colton, chimiste au sein des laboratoires américains Searle, entreprit de synthétiser le noréthinodrel, qui se transforme en noréthistérone dans l'estomac, tandis que la direction de Searle, méfiante, ne voulait rien savoir de la contraception. Cette firme fut alors à son insu le promoteur d'un essai clinique réalisé à Porto-Rico et portant sur l'effet contraceptif du noréthinodrel, d'abord administré seul puis associé au mestranol. Cette association, initialement présentée comme un traitement des troubles menstruels, fut commercialisée aux États-Unis sous le nom d'Enovid®, en 1959 ; l'année suivante, l'indication « contraception » était approuvée par la Food and Drug Administration américaine.

Gregory Pincus.

Cinquante ans plus tard, le bilan de « la pilule » en fait une percée pharmacologique des plus spectaculaires. En France, 77 % des femmes âgées de 15 à 45 ans l'utilisent, contre 68 % aux États-Unis et 86 % en Chine. Elle se révèle sûre, le risque de grossesse étant voisin de 0,3 % dans les conditions normales d'utilisation. Elle augmente cependant le risque de thrombose (20 cas par an pour 100 000 femmes traitées) et, depuis 2007, on sait que les contraceptifs les plus récents, présentés comme « de troisième ou quatrième génération » essentiellement à des fins de marketing, conduisent à des risques de phlébites et d'embolies pulmonaires encore deux fois plus grands. Quant aux effets de tous ces contraceptifs sur les risques de cancer, ils semblent divers (ils seraient positifs dans le cas du cancer des ovaires et celui du col de l'utérus, négatifs dans ceux du foie et du sein) et demeurent controversés.

François CHAST

(les hommes perdront « la fière conscience de leur virilité féconde » ; la pilule « dénature la femme »...) et il faut attendre quatre ans pour que les décrets d'application rendent la loi effective. En 1974, une fois Simone Veil nommée ministre de la Santé, seront décidés le remboursement de la contraception par la Sécurité sociale ainsi que la gratuité et l'anonymat pour les mineures. Dès lors, l'usage de la pilule se généralisera rapidement : 92 % des Françaises nées dans les années 1960 l'utiliseront[1].

L'argument de la prévention des avortements a fait basculer certains conservateurs en faveur de cette légalisation, mais l'expérience en montre les limites. Après Mai 1968, le MLF (Mouvement de libération des femmes), plus radicalement féministe que le MFPF, prend son essor avec des slogans tels que « Un enfant si je veux, quand je veux » et « Avortement libre et gratuit ». En 1975, Simone Veil parviendra à faire adopter une loi autorisant provisoirement l'interruption volontaire de grossesse.

Avec la pilule, les femmes gagnent la maîtrise de leur fécondité : auparavant, l'évitement de la grossesse dépendait le plus souvent de la volonté et de l'habileté de leurs partenaires. Cette liberté inédite, qui s'accompagne d'une médicalisation allant des premières règles jusqu'à la ménopause, est ressentie comme une révolution.

L'histoire de ce bouleversement reste aujourd'hui un chantier de recherches qui s'appuient sur le recueil et l'examen d'archives et qui portent en particulier sur les actrices et les acteurs de la « bataille de la pilule », ainsi qu'aux raisons de leur engagement.

Christine BARD

1. Aujourd'hui, environ 70 % des Françaises de moins de 35 ans qui déclarent « faire quelque chose pour éviter une grossesse » utilisent un contraceptif hormonal. Dans le reste du monde, à peine 10 % des femmes prennent la pilule.

En complément

- www.medarus.org/Medecins/MedecinsTextes/pincus.g-g.html
- *Si je veux, quand je veux. Contraception et avortement dans la société française (1956-1979),* Bibia Pavard (Presses universitaires de Rennes, coll. « Archives du féminisme », 2012).
- *Le Planning familial*, dir. Christine Bard et Jeanine Mossuz-Lavau (Presses universitaires de Rennes, coll. « Archives du féminisme », 2007).
- http://musea.univ-angers.fr
- www.ined.fr/fichier/t_publication/1606/publi_pdf1_publi_pdf1_publi_pdf2_pesa492frok.pdf

AUSSI EN 1960

Le chimiste américain Robert Woodward publie une description de la synthèse de la chlorophylle. Il recevra le prix Nobel de chimie en 1965 pour l'ensemble de ses travaux sur la synthèse de composés organiques : quinine, cholestérol, cortisone, strychnine, réserpine, etc.

ET LE LASER FUT !

Un demi-siècle après avoir été imaginé par Albert Einstein, un rayon de « lumière cohérente » est produit. Cette création des plus diversement utiles a connu un long cheminement.

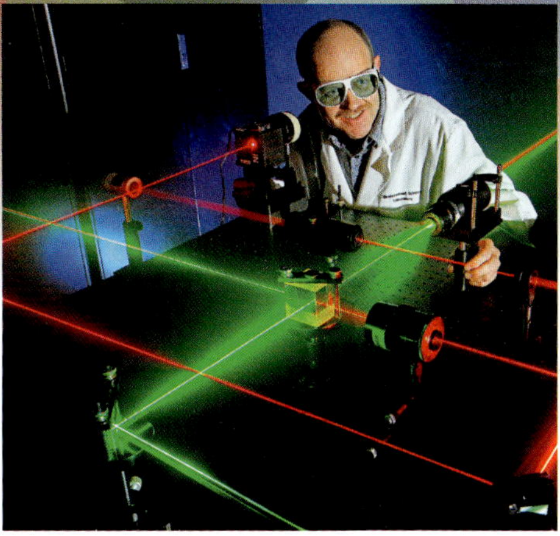

Faisceaux laser.

Qu'a-t-il manqué à Albert Einstein et ses contemporains pour inventer le laser ? Une technique, essentiellement.

En 1917, le célèbre physicien prédit la possibilité d'amplifier un rayonnement lumineux en dupliquant ses « grains » élémentaires, baptisés photons en 1926 et décrits aussi bien comme des ondes que comme des corpuscules. Selon le principe « d'émission stimulée » qu'il a formulé, les photons ainsi produits formeraient un faisceau de lumière cohérente, c'est-à-dire composé de photons de même longueur d'onde (monochromatiques) et de même phase.

Une fois vérifiée, l'hypothèse d'Einstein trouvera sa première application quarante-trois ans plus tard avec l'invention du laser (*Light Amplification by Stimulated Emission of Radiation*).

UNE ŒUVRE FRANCO-AMÉRICAINE

Pour produire un tel faisceau, il faut pouvoir « exciter » un grand nombre d'électrons simultanément. On ne sait pas réaliser une telle opération à l'époque d'A. Einstein. C'est seulement en 1950 que les physiciens français Alfred Kastler et Jean Brossel y parviennent en éclairant de la matière avec une lumière polarisée (dont tous les photons oscillent dans un même plan) : c'est la technique du « pompage optique ».

À la même époque, une équipe américaine atypique, associant des ingénieurs qui visent à optimiser le radar et des physiciens qui étudient la structure des molécules, cherche à générer un faisceau d'ondes de longueur inférieure au centimètre ; elle met au point le maser (*Microwave Amplification by Stimulated Emission of Radiation*). Son directeur, Charles Townes, formule alors l'idée d'un dispositif analogue capable de produire une lumière visible, mais c'est Theodore Maiman, physicien de la Hughes Aircraft Company, qui construit le premier laser fonctionnel en 1960 : un laser à rubis, qui émet un faisceau de lumière rouge.

DES EMPLOIS TOUS AZIMUTS

La possibilité de transporter de l'énergie dans une direction unique et concentrée en un faisceau très fin intéresse rapidement les industriels[1] : le laser se révèle capable de forer un diamant en 15 minutes quand il fallait 24 heures avec les moyens habituels. Perçage, découpe, pulvérisation, chauffage ou éclairage très localisé, les effets varient selon les caractéristiques moléculaires de la matière irradiée (inerte ou vivante), la puissance du laser et sa longueur d'onde qui

1. Un laser à CO_2 de 20 watts utilisé pour la découpe de matériaux délivre une intensité de 4×10^6 Wm^{-2}. À titre de comparaison, une ampoule de 100 W à filament atteint à peine 8 Wm^{-2}.

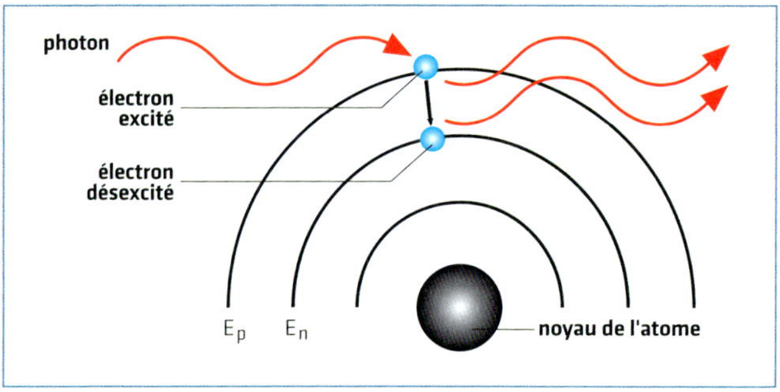

Principe de l'émission stimulée. Lorsqu'un atome excité (dont un électron a été porté d'un niveau d'énergie E_n à un niveau plus élevé E_p) interagit avec un photon d'énergie E_p-E_n, il peut se désexciter (l'électron revient à E_n) en émettant un nouveau photon qui est identique au photon incident.

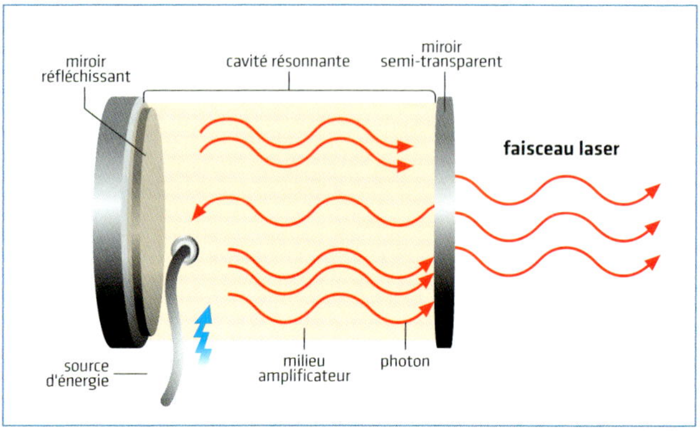

Principe d'un dispositif d'émission laser. Un laser comporte typiquement deux miroirs, l'un réfléchissant, l'autre semi-transparent, et un milieu amplificateur (gaz, solide ou liquide) excité par pompage optique ou par un courant électrique. Des photons dupliqués par émission stimulée provoquent à leur tour d'autres émissions stimulées. Il s'ensuit la production en cascade d'un grand nombre de photons identiques et de direction perpendiculaire aux deux miroirs. Certains d'entre eux franchissent le miroir semi-transparent, formant ainsi un faisceau de lumière cohérente.

dépend du matériau amplificateur utilisé : cristal, métal vaporisé, gaz ou liquide.

Le « rayon de la mort » de *La guerre des mondes*, fameux roman de H. G. Wells, est-il devenu réalité ? On s'enthousiasme, on extrapole... Certaines applications envisagées, comme faire fondre les dangereux icebergs, peuvent paraître saugrenues, mais d'autres ont été réalisées depuis lors, telle son utilisation dans les télécommunications à la place de l'électricité, à travers des fibres optiques. Le laser investit largement le quotidien : chirurgie, dermatologie, systèmes de lecture (CD, codes-barres), équipements militaires (visée, guidage de missiles), etc. Il sert aussi à réaliser des mesures de haute précision : la distance Terre-Lune est connue à 3 millimètres près en calculant le temps de trajet aller-retour de la lumière entre l'émetteur et l'une des cibles réfléchissantes installées sur la Lune dès 1969 ; des réactions chimiques sont suivies en temps réel via une série de flashs de quelques femtosecondes (10^{-15} s) qui permettent de détecter, par spectroscopie, des composés chimiques très éphémères...

Plus fins, plus énergétiques ou plus puissants, des lasers continuent d'être développés au bénéfice de l'industrie et des sciences. On sait depuis peu réaliser des faisceaux de quelques dizaines de nanomètres de diamètre seulement, tandis que le laser Mégajoule du Commissariat à l'énergie atomique, à Bordeaux, devrait bientôt atteindre une énergie suffisante pour provoquer la fusion nucléaire de petites quantités de matière (deutérium et tritium).

Stéphane LE GARS

En complément

- *D'où vient la lumière laser ?*, Évelyne Gil (Le Pommier, 2006).
- www.cea.fr/jeunes/themes/la_physique/le_laser_un_concentre_de_lumiere

DES SINGES INGÉNIEUX

Jane Goodall en Tanzanie, 2006.

La primatologue anglaise Jane Goodall parvient à suivre longuement et de près un groupe de chimpanzés sauvages. Elle découvre que ces animaux élaborent des outils qui facilitent leur quotidien.

Chicago, mars 2007. Les plus grands chercheurs spécialistes des chimpanzés sont réunis en congrès international. Soudain, un cri de chimpanzé s'élève depuis la tribune : une dame aux cheveux blancs vient de saluer l'auditoire à sa façon ; en réponse, des cris semblables se propagent dans l'assemblée, créant une grande émotion devant celle qui a bouleversé les connaissances en primatologie quarante-sept ans plus tôt, une certaine Jane Goodall.

UNE IMMERSION DANS LA VIE DES CHIMPANZÉS

Tanzanie, 1960. Encouragée par le paléontologue Louis Leakey, J. Goodall s'installe au cœur de la réserve du Gombe Stream pour étudier les chimpanzés dans leur milieu naturel. Seule, la frêle Anglaise de 26 ans arpente sans relâche les pentes de la montagne et les forêts touffues de la réserve pour tenter d'approcher nos plus proches « cousins ». Mais quand il lui arrive enfin de retrouver leurs traces, les grands singes détalent dès qu'elle s'en approche à moins de 500 mètres. Puis un jour, après six mois de persévérance, elle tombe soudain sur deux mâles adultes qui la regardent fixement, à une vingtaine de mètres d'elle, sans prendre la fuite !

Après une lente habituation, c'est tout le groupe qui finit par se laisser observer quotidiennement par la jeune primatologue. Armée de carnets de notes, J. Goodall s'immerge dans la vie de ces chimpanzés sauvages, alors que la plupart des recherches portant sur les comportements de cette espèce était seulement menée en laboratoire. Elle les voit choisir des tiges, les effeuiller, les introduire dans des termitières avec délicatesse puis les ressortir pour porter en bouche les termites qui s'y sont accrochés.

Cette découverte de l'élaboration et de l'usage d'outils chez les chimpanzés stupéfie la communauté scientifique et le grand public, convaincus depuis toujours que cette faculté

était l'apanage exclusif des humains. Ainsi le chimpanzé attribue-t-il lui aussi aux objets des propriétés physiques et relationnelles. L. Leakey en est bouleversé : « *Maintenant, nous devons soit redéfinir l'Homme, soit redéfinir l'outil ou inclure les chimpanzés parmi les hommes !* »
J. Goodall a également découvert tout un répertoire de gestes utilisés pour communiquer (tendre la main pour saluer, enlacer pour réconforter, etc.), l'existence de liens familiaux ou amicaux très forts qui se tissent dès le plus jeune âge, ainsi qu'une structure sociale hiérarchique et complexe. Cette hiérarchie dépend d'alliances nouées de longue date et varie selon les conflits ; il arrive même qu'un putsch soit organisé pour détrôner le mâle dominant ! Les chimpanzés savent aussi se coordonner pour chasser du petit gibier, alors qu'on les croyait végétariens, et ils défendent leur territoire sans hésiter à attaquer les membres d'un groupe voisin, parfois avec une violence mortelle. Voilà de bien troublantes similitudes avec l'espèce humaine.

L'USAGE D'OUTILS ET DE PLANTES MÉDICINALES

Toute une nouvelle génération de primatologues « de terrain » s'inspire des travaux éthologiques de J. Goodall, en installant notamment des camps de recherche dans plusieurs pays d'Afrique. De nombreux et différents comportements de fabrication et d'usage d'outils sont ainsi décrits.

Christophe Boesch, par exemple, découvre que des chimpanzés de la forêt Taï, en Côte d'Ivoire, sélectionnent des pierres ni trop légères ni trop fragiles pour casser la coque de noix de palme qu'ils ont placées sur une pierre plate. D'autres chimpanzés font d'une feuille pliée et repliée une sorte d'éponge qu'ils trempent dans l'eau avant de la porter en bouche ; ainsi peuvent-ils boire sans devoir se baisser. Un groupe vivant au Congo, étudié par l'équipe de Crickette Sanz, a développé une technique sophistiquée pour pêcher les termites : choisir un gros bâton pour percer une termitière en l'y enfonçant avec les pieds si les mains ne suffisent pas, puis travailler l'extrémité d'une tige avec les dents pour confectionner une sorte de peigne qui maximise le nombre de prises à chaque insertion dans la termitière. Jill Pruetz rapporte que des chimpanzés des savanes de

Les grands singes et le langage

En parallèle des recherches de J. Goodall, d'autres travaux portant sur les chimpanzés, menés en laboratoire, sont devenus célèbres. Ainsi, en 1967, le couple de psychologues Allen et Beatrix Gardner, avec leur étudiant Roger Fouts, ont élevé le chimpanzé Washoe et tenté de lui enseigner la langue des signes américaine des sourds et muets. Cette femelle a appris plus de cent signes ! R. Fouts a même rapporté qu'elle en avait transmis à ses plus jeunes congénères.

D'autres enseignements de ce type ont connu un certain succès auprès de grands singes, tels le chimpanzé Nim, le gorille Koko et l'orang-outan Chantek. L'expression de tels signes semblant être dénuée de propriétés grammaticales chez ces singes entraînés par l'Homme, un vif débat est alors apparu au sein de la communauté scientifique, remettant en question leurs facultés langagières.

Ces expérimentations ont toutefois prouvé la haute capacité des grands singes à apprendre et à utiliser de manière flexible des gestes manuels complexes pour communiquer avec l'Homme. Par la suite, il a été montré que leur système de communication gestuelle partage des propriétés fonctionnelles avec le langage humain, telles que l'intentionnalité, c'est-à-dire la capacité à élaborer et adresser un message à l'intention d'un individu particulier puis à s'assurer de sa bonne compréhension. Le langage bimodal de l'Homme, qui combine paroles et gestes, a peut-être émergé de l'intégration progressive, au système gestuel manuel, du contrôle des gestes faciaux et des vocalisations.

Un chimpanzé s'aide d'une baguette pour récolter des termites.

l'est du Sénégal taillent des bâtons en pointe et les enfoncent dans des trous d'arbre pour dénicher de petits singes, les galagos, afin de les manger. La Française Sabrina Krief observe en Ouganda des individus qui, lorsqu'ils sont affectés par des diarrhées ou par des parasites, mangent des plantes très amères ou des écorces dont les propriétés curatives seront confirmées par des analyses pharmacologiques.

DES CULTURES DE GROUPE

Pour décrire cette diversité de techniques, certains primatologues n'hésitent plus à parler de différentes cultures (ou, tout au moins, de protocultures) parmi les populations de chimpanzés. Il apparaît en effet que ces savoir-faire se transmettent de génération en génération et restent presque toujours confinés dans chaque groupe.

En conditions de captivité, on observe qu'une innovation comportementale se diffuse rapidement au sein du groupe. Il est ainsi possible que cette transmission se fasse par imitation. D'après cette hypothèse, le Chimpanzé serait capable, comme l'Homme, de se représenter les actions de ses congénères, de comprendre leur but et de chercher à les reproduire, soient autant de processus cognitifs très complexes. On constate d'ailleurs que les jeunes observent beaucoup leur mère et apprennent à maîtriser une technique pendant plusieurs années. C. Boesch a même vu une femelle décomposer lentement le geste de cassage de noix devant son petit. De là à parler d'enseignement intentionnel… le pas reste difficile à franchir pour les primatologues soucieux de disposer d'observations nombreuses et concordantes.

Les recherches dans ce domaine continuent, notamment parce que la mise en évidence de similitudes ou de différences (cognitives, techniques, culturelles) entre les grands singes et les humains permet de mieux comprendre l'émergence de ces derniers à partir d'un ancêtre commun, il y a environ six millions d'années. Cependant, les populations de grands singes s'amenuisent à une vitesse alarmante, à cause du braconnage et de la réduction de leur habitat causée par l'exploitation de ressources : bois, minerais, huile de palme, etc. J. Goodall s'est faite porte-parole de la volonté de préserver ces populations, un objectif qui requiert un changement rapide de certaines de nos habitudes de consommation.

Adrien MEGUERDITCHIAN

En complément

- *Les chimpanzés et moi*, Jane Goodall (Stock, 1991).
- *Les grands singes. L'humanité au fond des yeux*, Pascal Picq, Dominique Lestel, Vinciane Despret et Chris Herzfeld (Odile Jacob, 2005).
- *Les chimpanzés des Monts de la Lune*, Sabrina et Jean-Michel Krief (Belin, 2014).

AUSSI EN 1960

Les États-Unis lancent Tiros-1, premier satellite météorologique opérationnel.

…ATATION PRESQUE PARFAITE

Site de Saqqarah où les premières datations de vestiges égyptiens par le carbone 14 furent réalisées en 1949.

Un Américain reçoit le prix Nobel de chimie pour la mise au point de la datation par le carbone 14. Cet outil révolutionne tout un pan de l'archéologie mais l'incohérence de certains résultats appelle des ajustements.

Le carbone 14 (^{14}C) est un isotope radioactif du carbone[1]. Son rayonnement est faible et sa période radioactive ou « demi-vie » (temps au bout duquel la moitié d'un ensemble d'atomes de ^{14}C se désintègre) dépasse les 5 000 années. Son existence fut prouvée par les Américains Martin Kamen et Samuel Ruben en 1940. Il est produit dans la haute atmosphère : les rayons cosmiques génèrent des neutrons qui transforment l'azote de l'air en ^{14}C. Il se désintègre ensuite en produisant de l'azote, et le rapport de concentrations atmosphériques $^{14}C/^{12}C$ reste stable.

LA DATATION ISOTOPIQUE DE LA MORT

En 1946, un autre Américain, Willard F. Libby, qui a participé au projet Manhattan[2], propose un modèle de répartition équilibrée du ^{14}C entre l'atmosphère, les océans et la biosphère. Le ^{14}C produit dans l'atmosphère est oxydé en CO_2 puis absorbé par les végétaux et distribué *via* les chaînes alimentaires dans toute la matière organique. Il se trouve également dans les carbonates et dans les ossements. Lorsqu'un organisme meurt, ses échanges biologiques avec l'atmosphère cessent et son stock de ^{14}C décroît lentement avec le temps, à vitesse constante, tandis que celui de ^{12}C ne varie pas. W. Libby a alors l'idée de mesurer $^{14}C/^{12}C$ dans les vestiges d'êtres vivants pour les dater.

Les moyens de mesure directe des faibles radioactivités faisant défaut, W. Libby recourt d'abord à la technique de concentration isotopique utilisée par Aristid von Grosse pour concentrer un autre isotope du carbone, le ^{13}C, utilisé comme traceur à des fins médicales. Cette technique lui permet de confirmer expérimentalement son modèle en 1947. Il la remplace peu après par une méthode de comptage : le ^{14}C est converti en une forme gazeuse dans du CO_2 ou de l'acétylène (C_2H_2) gazeux puis dosé par comptage de ses désintégrations au moyen d'un compteur Geiger.

Il reste alors à préciser la valeur de la demi-vie du ^{14}C. En 1949, on obtient 5 568 années,

1. Le carbone 12 (^{12}C), isotope stable, représente 98,89 % du carbone sur Terre.
2. Celui de la première bombe atomique.

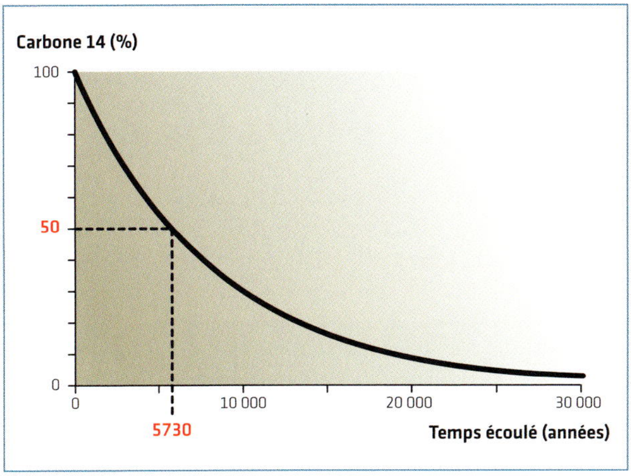

Décroissance radioactive. Au bout de la période radioactive ou « demi-vie » d'un radio-isotope (5 730 années, pour le ^{14}C), 50 % des atomes de cet isotope se sont transmutés en d'autres atomes (l'azote 14, dans le cas du carbone 14).

ce qui limite l'application de la méthode aux vestiges d'âge inférieur à 50 000 ans[1]. W. Libby et ses collaborateurs annoncent la datation d'échantillons de bois extraits d'une tombe égyptienne que des archéologues attribuent à l'époque de la première dynastie. Comme les deux âges concordent, les archéologues et les géologues accueillent la nouvelle technique positivement. D'autres évaluations radiométriques sont réalisées dans les années 1950, mais, pour certains objets vieux de plus de 4 000 ans, les résultats diffèrent largement des datations classiques[2].

DES CORRECTIONS EN SÉRIE

En 1962, l'Anglais Harry Godwin corrige la demi-vie du ^{14}C à 5 730 années plus ou moins 40, tandis que la méthode de Libby connaît une large diffusion. Celle-ci révolutionne l'archéologie en donnant les âges absolus de bois, d'ossements, de peaux, de tissus, de poteries (qui renferment du charbon)... Sans elle, on ne pouvait dater les vestiges que par relations à des événements historiques ou géologiques, tels que l'enfouissement dans une couche sédimentaire particulière. De nombreux sites archéologiques, grottes de Lascaux comprises, et tout l'Holocène (les 10 000 dernières années) sont ainsi datés plus précisément qu'auparavant. En paléoanthropologie, l'adoption de la méthode est facilitée par la révélation d'un canular en 1959 : le crâne et la mâchoire trouvés en 1912 à Piltdown, en Angleterre, n'était pas ceux d'un hominidé du Paléolithique, ainsi que certains paléontologues l'avaient cru, mais celui d'un homme et celle d'un orang-outan vieux de cinq siècles.

Toutefois, les incohérences de dates se multiplient. Il est alors supposé que la concentration du ^{14}C atmosphérique a changé lors des derniers millénaires. Cette hypothèse sera vérifiée par la mise en évidence, dans les années 1980, des variations du bombardement cosmique et de facteurs climatiques ou environnementaux : l'atmosphère est enrichie en ^{12}C par un volcanisme intense et en ^{14}C par les essais nucléaires (nombreux dans les années 1960) ; le ^{14}C est peu renouvelé dans les eaux profondes, etc. Des corrections relatives aux périodes et aux lieux seront alors fixées, tandis que l'invention de la spectrométrie de masse rendra possible la mesure de $^{14}C/^{12}C$ dans de très petits échantillons.

Pierre SAVATON

1. Au-delà de cet âge, le stock de ^{14}C est trop réduit pour obtenir une mesure fiable.
2. Issues de recoupements historiques ou de la dendrochronologie, qui s'appuie sur les cernes du bois.

En complément

www.cea.fr/jeunes/themes/la-radioactivite/l-essentiel-sur-la-datation-au-carbone-14

LA CONQUÊTE DES PROFONDEURS

Alors que les Américains se concentrent sur l'exploration des fonds marins, la France lance le navire *Thalassa* destiné en priorité à l'étude des ressources de la pêche.

La *Thalassa* en 1970.

Le surimi français (nommé *kani kama* au Japon), un aliment élaboré pour la première fois à bord de la *Thalassa*.

Le 12 mai 1960, aux chantiers Augustin-Normand du Havre, un navire long de 66 mètres est mis à l'eau avant de rejoindre Brest, son port d'attache. C'est la *Thalassa*, le nouveau bâtiment expérimental et océanographique de la flotte française.

LE BOOM DES EXPLORATIONS SOUS-MARINES

Dans le contexte de la Guerre froide, les États-Unis et l'URSS développent leurs flottes océanographiques ; à une moindre échelle, la France s'efforce de faire de même, avec notamment la *Thalassa* puis le navire amiral *Jean-Charcot* lancé en 1965. Jacques-Yves Cousteau, co-inventeur du scaphandre autonome et de soucoupes plongeantes qui ont facilité l'exploration des eaux peu profondes, a alors sensibilisé le grand public à l'étude du milieu marin avec la *Calypso*, grâce au film *Le monde du silence* réalisé par Louis Malle, palme d'or du festival de Cannes en 1956.

La France participe aussi à la « conquête des profondeurs » : en 1962, le bathyscaphe habité *Archimède* plonge dans la fosse des Kouriles jusqu'à 9 545 mètres, non loin du record de 10 916 mètres établi deux ans plus tôt par le *Trieste* américain dans la fosse des Mariannes.

À bord de la *Thalassa*, dix-huit scientifiques peuvent travailler dans six laboratoires, sous l'égide de l'Institut scientifique et technique des pêches maritimes (ISTPM). Tandis que l'océanographie américaine se concentre en particulier sur l'étude des fonds océaniques[1], le programme français favorise celle du milieu marin et des populations d'espèces commercialisables. Il s'appuie notamment sur des relevés bathymétriques (pour dresser des cartes de fonds, notamment ceux du golfe de Gascogne), des mesures physicochimiques et des comptages de poissons, d'œufs, de larves et de plancton.

Le navire offre un chalutage arrière, une technique inspirée des chalutiers-usines soviétiques, plus aisée, plus rapide et plus sûre que le chalutage latéral utilisé jusqu'alors en France. Il constitue ainsi un « cobaye technique » en vue de répondre au besoin alimentaire de la population française dans une concurrence internationale accrue pour l'accès à la ressource marine. En effet, les années soixante connaissent déjà la surexploitation des stocks et la limitation des pêches. Il convient donc d'explorer la ressource halieutique à des profondeurs nouvelles et dans des régions éloignées des côtes européennes, telles les dangereuses mers arctiques. Le treuil de la *Thalassa* pouvant dérouler 2 500 mètres de fune, il est possible de pêcher jusqu'à 1 200 mètres de profondeur.

Quelques pas vers une exploitation durable

Dans les viviers du bord, des spécimens capturés sont marqués au moyen de témoins colorés puis relâchés afin d'étudier les migrations et d'identifier des espèces susceptibles de remplacer celles qui se raréfient. Des procédés de fabrication de farines de poissons habituellement rejetés à la mer sont éprouvés et le surimi français est inventé en s'inspirant de méthodes de transformation de déchets employées au Japon. Un appareil de réfrigération est expérimenté afin notamment de congeler les poissons pour mieux les conserver. Les résultats de ces tests et analyses sont communiqués aux pêcheurs français, qui ne tarderont pas à adopter le chalutage arrière et à s'équiper de l'appareil testé.

La *Thalassa* dispose en outre d'une tourelle de plongée qui permet d'observer les espèces vivantes jusqu'à 630 mètres. Les chercheurs embarqués sur le navire, incluant des membres de la station biologique de Roscoff, découvrent de nombreuses espèces, dont une petite étoile de mer nommée *Podosphæraster thalassæ* en l'honneur du navire. Ils mènent aussi des études d'impact des pollutions et de la pêche sur le milieu marin. Une approche écosystémique visant à préserver le milieu et ses ressources se met ainsi en place. Toutefois, la prospection de nouvelles ressources de pêche reste alors prioritaire. L'écologie halieutique ne sera développée qu'à partir des années 1980, sans que les constats d'épuisement des stocks ne suscitent une pêche véritablement durable à l'échelle mondiale.

En 1984, la *Thalassa* est transférée à l'Ifremer[2]. Elle sera remplacée par la *Thalassa II* en 1995, avant d'être transformée à Lorient en musée flottant, voué à la sensibilisation aux problématiques de pêche et d'environnement marin, puis démantelée au Havre en 2012.
En 2005, c'est le *Pourquoi Pas ?* qui est devenu le fleuron de la flotte océanographique française.

Loïc PÉTON

1. *Cf.* p.118

2. Institut français pour la recherche et l'exploitaion de la mer, qui résulte de la fusion de l'ISTPM et du Cnexo, Centre national pour l'exploitation des océans.

En complément

- *Un siècle de navires scientifiques français*, Bernard Estival (Gerfaut, 2003).
- wwz.ifremer.fr/archives/Histoire-des-organismes/ISTPM

1961

UN DÉBLOCAGE GÉNÉTIQUE

Les biologistes français Jacques Monod et François Jacob publient le compte rendu d'une étude concernant la régulation du fonctionnement des gènes. Ils en seront rapidement récompensés par un prix Nobel.

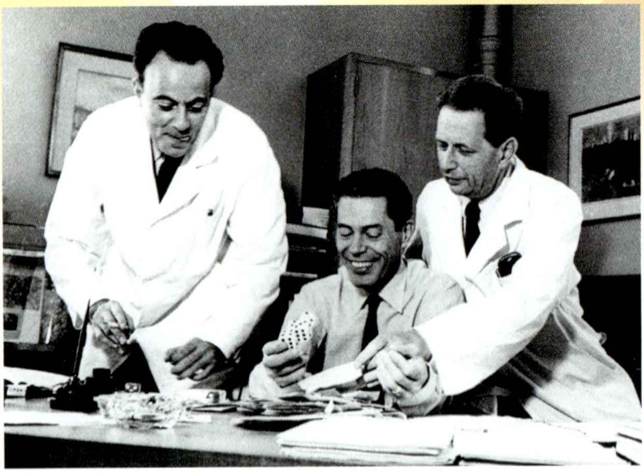

De gauche à droite, François Jacob, Jacques Monod et leur directeur André Lwoff en 1965.

Au début des années 1940, on sait que la synthèse d'une protéine est contrôlée par un gène. Puis en 1953, l'Américain James Watson, le Britannique Francis Crick et leurs collègues, s'appuyant sur les clichés de la molécule d'ADN de Rosalind Franklin, réussissent à modéliser la structure de l'ADN, dévoilant ainsi la nature chimique des gènes. Il reste alors à comprendre comment les gènes, qui consistent dans des séquences de groupements d'atomes (les nucléotides), gouvernent la mise en place des caractéristiques de l'organisme.

DES ENZYMES INSPIRATRICES

Ce problème était déjà devenu central pour les généticiens des années 1930. En effet, à ce moment-là, grâce notamment aux travaux de l'Américain Thomas Morgan et son équipe sur la mouche drosophile, les gènes sont apparus comme étant des segments de chromosomes qui déterminent plus ou moins directement les caractéristiques anatomiques de l'organisme. Mais comment les parties d'un organisme se différencient-elles, étant donné que toutes les cellules possèdent les mêmes gènes hérités de la cellule-œuf initiale ?

À Paris, la question est abordée au lendemain de la Seconde Guerre mondiale dans le service de physiologie microbienne de l'Institut Pasteur, dirigé par André Lwoff. Jacques Monod, biochimiste, y travaille depuis 1945. Il étudie le phénomène dit « d'adaptation enzymatique » : la bactérie *Escherichia coli* produit certaines enzymes (des protéines) lorsqu'elle est mise en présence de composés chimiques (des « substrats ») que ces enzymes sont capables de dégrader. J. Monod s'intéresse particulièrement à la β-galactosidase, qui scinde le lactose en deux sucres plus simples, le glucose et le galactose : cette enzyme est synthétisée par la bactérie si et seulement si le lactose ou un sucre de structure très semblable se trouve dans le milieu de culture. Ce phénomène est alors très étudié dans le but de comprendre les mécanismes de synthèse des protéines.

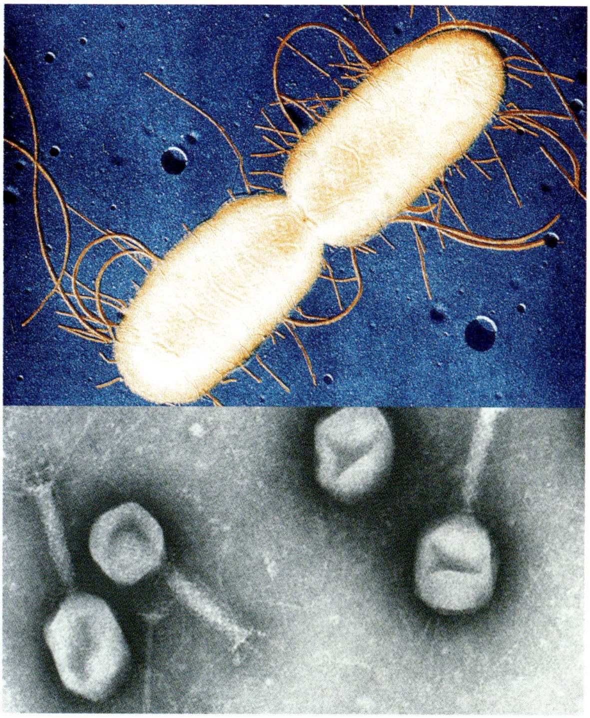

Bactéries *Escherichia coli* en conjugaison bactérienne (en haut) et leurs bactériophages « T2 ».

LES DÉBUTS DE LA BIOLOGIE MOLÉCULAIRE

À partir de 1950, un autre membre du service, François Jacob, mène une recherche sans lien évident avec celle de J. Monod : il a été recruté par A. Lwoff afin de mieux connaître le prophage, forme non virulente des bactériophages, qui sont des virus de bactéries. A. Lwoff venait de montrer que l'on pouvait rendre virulents les prophages en irradiant par un rayonnement ultraviolet les bactéries contaminées. F. Jacob, en étroite collaboration avec Elie Wollman, démontre que le prophage est un ensemble de gènes viraux intégrés au chromosome de la bactérie hôte. L'irradiation conduit à la modification d'une molécule nommée répresseur et qui, en temps normal, bloque l'activité de synthèse des protéines virales par les gènes du prophage.

En 1958, J. Monod et son équipe pensent avoir épuisé l'étude purement biochimique de l'adaptation enzymatique. Pour aller plus loin, il leur paraît nécessaire d'entamer un travail de généticien ; c'est pourquoi J. Monod et F. Jacob décident de collaborer. J. Monod apporte sa connaissance des aspects biochimiques du phénomène et F. Jacob sa maîtrise des techniques d'étude génétique chez les bactéries. Cette collaboration durera plus de six années, avec l'espoir d'étendre à l'ensemble du monde vivant les connaissances acquises grâce à l'étude des bactéries ; elle restera comme l'une des plus fécondes de l'histoire de la biologie.

Durant ses précédents travaux, F. Jacob a beaucoup utilisé le phénomène de conjugaison bactérienne. Ce mode de sexualité propre aux bactéries consiste dans le transfert d'un certain nombre de gènes d'une bactérie donneuse vers une bactérie receveuse grâce à une sorte de rostre, le « pont cytoplasmique ». Il permet d'étudier l'activité de certaines versions d'un gène (des « allèles ») quand elles sont transférées dans une bactérie qui possède d'autres allèles. Grâce à cette technique, F. Jacob, J. Monod et leur collègue américain

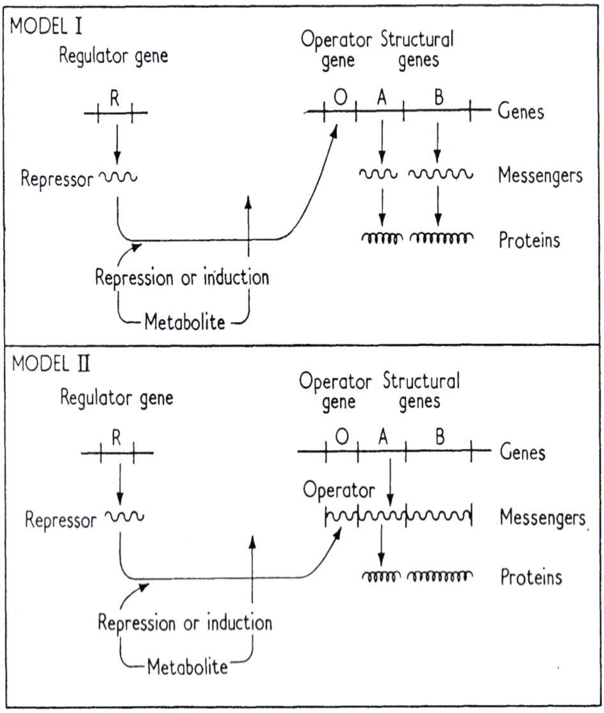

Le modèle de l'opéron lactose. Ce schéma est celui proposé par F. Jacob et J. Monod dans leur article « Genetic Regulatory Mechanisms in the Synthesis of Proteins », publié en 1961 dans la revue *Journal of Molecular Biology* (vol. 3). F. Jacob et J. Monod hésitaient alors entre deux modèles (I et II). C'est finalement le modèle I qui sera validé. Celui-ci stipule que la régulation s'effectue directement au niveau de l'ADN : en s'y fixant, le répresseur bloque la transcription des gènes en ARN messager. Dans le modèle II, incorrect, la synthèse des protéines est supposée inhibée par la fixation du répresseur sur l'ARN messager. R est le gène régulateur qui contrôle la synthèse du répresseur (en 1961, on y voit un ARN ; il s'agit en fait d'une protéine). O est le « site opérateur », région de l'ADN sur laquelle R vient se fixer. A et B sont des gènes dits « de structure » ; ils forment la majeure partie de l'opéron. Lorsque R est inactivé, ces gènes sont simultanément exprimés (transcrits en ARN puis traduits en protéines).

Arthur Pardee obtiennent vite des résultats surprenants.

L'un de ces résultats semble particulièrement difficile à expliquer : lorsqu'on transfère le gène d'une enzyme adaptative depuis une bactérie qui ne synthétise pas cette enzyme vers une autre bactérie vivant dans un milieu dépourvu du substrat de l'enzyme, on remarque que la bactérie receveuse synthétise l'enzyme immédiatement et abondamment.

« CE QUI EST VRAI POUR LA BACTÉRIE EST VRAI POUR L'ÉLÉPHANT »

Cette observation conduit F. Jacob et J. Monod à proposer le mécanisme suivant : les gènes responsables de la synthèse des enzymes adaptatives sont, comme ceux du prophage, bloqués par un répresseur ; lorsque le substrat d'une telle enzyme est présent dans le milieu, il se lie au répresseur et rend celui-ci inactif ; les gènes ainsi débloqués sont d'abord transcrits en ARN messager puis traduits en protéines dans le cytoplasme. Autrement dit, l'activation des gènes consiste dans l'inactivation d'une répression ! Ce mécanisme de régulation de l'activité génétique est alors nommé « modèle de l'opéron », du nom du groupe de gènes bactériens concernés par la régulation. Des régulations identiques étant observées chez divers organismes pluricellulaires, il est le premier modèle à portée universelle de la régulation de l'activité des gènes, confirmant en cela l'adage préféré de J. Monod : « *Ce qui est vrai pour la bactérie est vrai pour l'éléphant.* »

Un article détaillant ce modèle est publié en 1961. Seulement quatre ans plus tard, il vaut à leurs deux auteurs et à A. Lwoff le prix Nobel de physiologie et de médecine. C'est dire si la communauté scientifique a immédiatement compris l'importance de ce travail pour la connaissance du vivant à l'échelle moléculaire. Car plus encore que d'expliquer comment la régulation de l'activité des gènes procède chez les bactéries, le modèle de l'opéron ouvre la voie à l'étude des mécanismes génétiques du développement embryonnaire chez les organismes pluricellulaires.

Si les mécanismes de l'embryogénèse restent en partie incompris aujourd'hui, en revanche ce modèle a suscité la production et le test de nombreuses hypothèses sur l'activation ou le blocage de divers gènes en relation avec l'état physicochimique du milieu cellulaire. Il a ainsi permis, en effet, de mieux comprendre les phénomènes de différenciation cellulaire.

Laurent LOISON

En complément

- « Les mousquetaires de la nouvelle biologie », Michel Morange, *in: Les génies de la science,* n°10 (*Pour la Science*, 2002).
- *Le hasard et la nécessité*, Jacques Monod (Le Seuil, 1970).
- *La logique du vivant*, François Jacob (Gallimard, 2e édition, 1976).
- www.snv.jussieu.fr/bmedia/sommaires/gbm.html

AUSSI EN 1961

- **Le 12 avril, au cours de la mission Vostok 1, le Russe Youri Gagarine effectue le premier vol humain hors de l'atmosphère terrestre. Un mois plus tard, la sonde spatiale russe *Venera 1* est la première machine terrienne à survoler une autre planète que la Terre, Vénus.**
- **Le WWF (World Wildlife Fund) est fondé. Cette grande ONG internationale, financée en majorité par des particuliers, veut protéger la faune et l'environnement en s'appuyant sur des diagnostics scientifiques.**

Des vulgates controversées

Peu après leur succès scientifique, J. Monod et F. Jacob décident, indépendamment l'un de l'autre, de publier leurs propres réflexions sur leur apport aux sciences du vivant. *Le hasard et la nécessité*, écrit par J. Monod, et *La logique du vivant*, de F. Jacob, paraissent tous les deux en 1970.

Sur le moment, c'est le premier livre qui retient le plus l'attention : il fait polémique. Dans cet « essai de philosophie naturelle » (son sous-titre), J. Monod construit une définition des organismes vivants et, surtout, veut mettre fin à l'illusion finaliste (celle d'une nature emplie de destinées) entretenue par de nombreux philosophes lorsqu'ils traitent du vivant et de son évolution. Le ton de l'auteur, qui se pose en donneur de leçon, irrite profondément les philosophes et sa critique sévère de la philosophie lui sera longtemps reprochée.

L'ouvrage de F. Jacob, quant à lui, vise davantage à revisiter l'histoire des sciences de l'hérédité à la lumière des dernières découvertes. Il expose aussi l'idée de « programme génétique » en supposant que le développement embryonnaire soit sous le contrôle d'une séquence d'activation de certains gènes, ce qui permettrait la différenciation des cellules et, finalement, la spécialisation des parties du corps.

Depuis une vingtaine d'années, cependant, la notion de programme génétique du développement a été largement remise en cause, à la fois par des scientifiques et par des philosophes des sciences. On lui reproche notamment d'enfermer l'embryogenèse dans un schéma trop déterministe, fait d'étapes rigidement programmées. Cette critique encore actuelle tend à oublier les nuances et les réserves que F. Jacob lui-même a formulées dès 1970.

LE GHB, DU MÉDICAMENT À LA « DROGUE DU VIOLEUR »

Redécouverte par Henri Laborit, une molécule aux propriétés psychotropes devient exploitée dans un but thérapeutique, un usage détourné plus tard à des fins récréatives. Le cas n'est pas unique.

Henri Laborit en 1966.

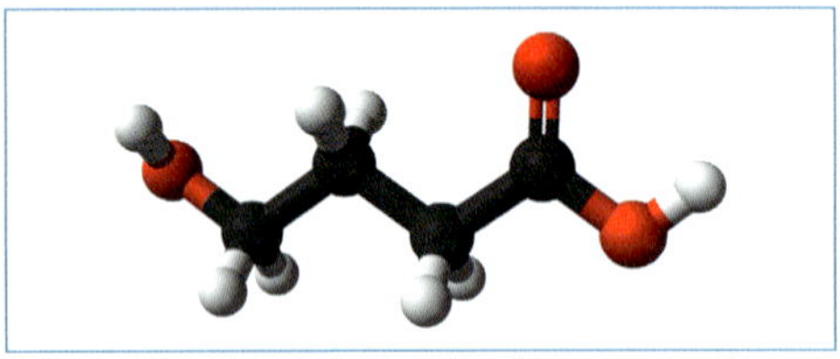

Molécule de GHB. Les boules rouges, noires et blanches représentent respectivement des atomes d'oxygène, de carbone et d'hydrogène.

Henri Laborit, chirurgien de la Marine, cherche dès les années 1950 à utiliser des substances susceptibles de bloquer les réactions du système nerveux autonome inhérentes à l'état de choc. Il observe notamment les effets tranquillisants d'un antihistaminique (antiallergique), la chlorpromazine, chez des patients souffrant d'agitation maniaque. Avant que cette substance ne serve d'antipsychotique pour provoquer une hibernation artificielle, il poursuit ses investigations sur d'autres molécules.

LES HEURES DE GLOIRE DU GHB

Récusant la vision dualiste, alors encore dominante, qui sépare radicalement « le psychique » et « le somatique », H. Laborit vise à comprendre comment les pensées et les émotions interagissent avec les fonctions de l'organisme. Il contribue ainsi à ouvrir la voie à une nouvelle discipline : la neuropsychopharmacologie.

Ses travaux le conduisent à s'intéresser en particulier à un neurotransmetteur[1] abondant dans le cerveau des mammifères : le Gaba (acide gamma-aminobutyrique), dont on sait alors, depuis peu, qu'il inhibe l'activité électrique du cerveau. Souhaitant mieux connaître les effets de ce messager chimique, le médecin français entreprend de synthétiser une molécule très semblable, capable de passer du sang au cerveau et de se fixer sur les récepteurs synaptiques spécifiques du Gaba, puis d'observer ses effets sur l'organisme et le comportement en les comparant à ceux du Gaba. C'est ainsi qu'il redécouvre, en 1961, l'acide gamma-hydroxybutyrique (GHB), une molécule naturellement produite par le cerveau à partir du Gaba et déjà synthétisée en 1874, mais jusqu'alors dépourvue d'application thérapeutique. H. Laborit en révèle rapidement les propriétés psychotropes, que les médecins utilisent encore aujourd'hui dans les traitements de l'alcoolisme, des troubles du sommeil (insomnie, narcolepsie) et de la fibromyalgie.

1. Cf. page 62.

DÉRIVES ET PRÉVENTIONS

C'est seulement à partir des années 1980 qu'un « détournement » du GHB intervient, d'abord dans le milieu des culturistes qui, avides de développer leur masse musculaire, l'utilisent pour sa capacité à stimuler la production de l'hormone de croissance.

Investissant peu à peu les milieux récréatifs, le GHB est conditionné dans un liquide incolore et inodore, qualifié « d'ecstasy liquide » ou de « drogue du violeur » en raison de sa mise en cause dans plusieurs cas de viols.

En fonction de la dose prise, l'interaction du GHB avec l'alcool ou d'autres drogues peut entraîner l'euphorie, la perte d'inhibitions (notamment sexuelles), l'amnésie, voire la mort. Inscrit sur le registre des produits stupéfiants depuis 1999, le GHB est interdit en France comme dans d'autres pays, excepté pour un usage médical ou vétérinaire. De telles dérives ne sont pas rares ; afin de les prévenir, l'innocuité d'une substance pharmaceutique doit être réévaluée à l'aune de techniques ou de connaissances nouvelles.

Le cerveau reste en effet un organe mystérieux à maints égards et le rôle des différents neurotransmetteurs, tout comme les effets du GHB, ne sont toujours pas bien connus. Aussi l'utilisation de nouveaux psychotropes est-elle particulièrement sujette à des risques d'effets indésirables, en dépit du succès des tests cliniques accomplis, et de détournements problématiques malgré les préconisations des pharmacologues et des médecins en matière d'emploi ou de posologie.

D'autres exemples médiatisés peuvent laisser croire que l'industrie pharmaceutique, outre quelques praticiens peu scrupuleux, soit largement responsable des détournements d'usage, alors que, le plus souvent, ceux-ci sont le fait de toxicomanes en recherche de sensations nouvelles. Ainsi, après l'interdiction du GHB, certains de ses utilisateurs se sont tournés vers une autre molécule, le gamma-butyrolactone (GBL), un solvant utilisé pour nettoyer les jantes ou effacer les graffitis et qui, une fois ingéré, est transformé par l'organisme en GHB.

Michel BOURIN

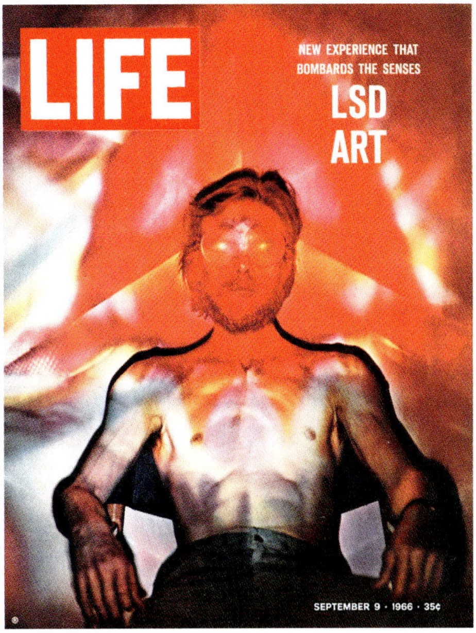

Couverture de *Life Magazine* de septembre 1966. Les années 1960 ont connu une flambée de la consommation de psychotropes, un « culte de la drogue » ayant alors émergé dans les mouvements contestataires ou artistiques. Il s'agit en particulier du diéthylamide d'acide lysergique ou LSD, découvert en 1938 par Arthur Hoffman, un chimiste de la firme Sandoz, puis testé dans un but thérapeutique. La connaissance des effets hallucinogènes du LSD, révélés également par A. Hoffmann en 1943, ne resta pas longtemps cantonnée à un petit cercle de psychiatres et son usage en tant que stupéfiant fut promu notamment par Timothy Leary, psychologue à Harvard. (Source principale : www.pistes.fr/swaps/43_56.htm). O. N. de Surgy

En complément

- www2.cnrs.fr/presse/communique/356.htm
- www.scienceshumaines.com/regards-surla-drogue-de-la-beat-generation-aux-cites_fr_11201.html

1961

L'HOMME DANS UNE ÉPROUVETTE

Un médecin italien annonce avoir réussi à féconder *in vitro* un ovule humain. La désapprobation est large mais la procréation artificielle est désormais en marche.

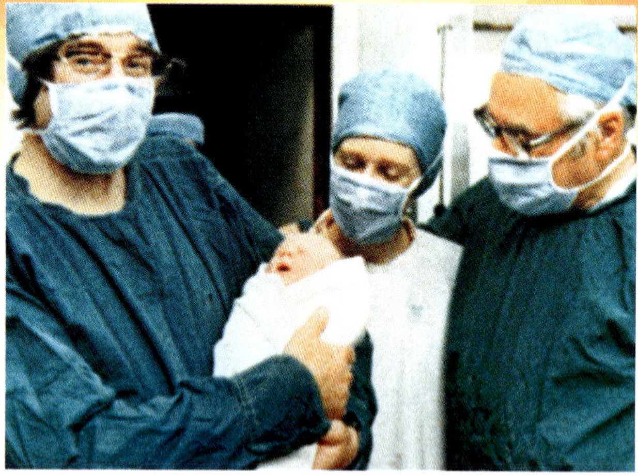

Louise Brown, premier bébé éprouvette, dans les bras du physiologiste anglais Robert Edwards, en 1978.

En 1961, le médecin et physiologiste italien Daniele Petrucci rend compte des expériences de fécondation artificielle qu'il a réalisées à Bologne. Film à l'appui, il clame qu'il a réussi à produire *in vitro* un embryon humain et à le maintenir vivant durant 29 jours. Si la prouesse cinématographique est largement soulignée, en revanche le résultat laisse le monde médical et scientifique pour le moins dubitatif : présenté comme un fait accompli mais non lié à un protocole de recherche médicale clairement établi, il apparaît sur le plan biologique comme le fruit d'une démarche précipitée ; sur le plan éthique, celle-ci choque largement, et les condamnations du Vatican amplifient le débat public.

UN PROBLÈME D'IMPLANTATION

Ces expériences, qui ne portent pas sur l'implantation *in utero* d'un embryon, participent pourtant d'une réflexion quant à la possibilité de réaliser un processus complet de procréation artificielle. Les premiers essais de fécondation *in vitro* chez les animaux datent d'avant la Seconde Guerre mondiale, mais se sont révélés peu efficaces chez les mammifères, animaux à fécondation interne et vivipares, chez lesquels le processus de procréation est le plus complexe. Le succès nécessite de maintenir l'ovule fécondé dans des conditions très précises puis de l'implanter dans l'utérus à un moment très particulier du cycle menstruel. Les travaux de D. Petrucci n'abordaient pas cette dernière étape cruciale.

Poursuivant un projet beaucoup plus clair que celui du médecin italien, le physiologiste anglais Robert Edwards et ses collaborateurs, dont le médecin obstétricien Patrick Steptoe, obtiennent en 1969 des embryons humains par fécondation *in vitro* ; dès 1972, ils effectuent des essais d'implantation coordonnés à un traitement hormonal visant à maîtriser le cycle menstruel. Toutefois, devant les difficultés rencontrées, ils décident en 1977 de renoncer à ce traitement et de repérer plutôt le « bon moment » dans les cycles de soixante-dix-neuf femmes placées en observation. Sur les

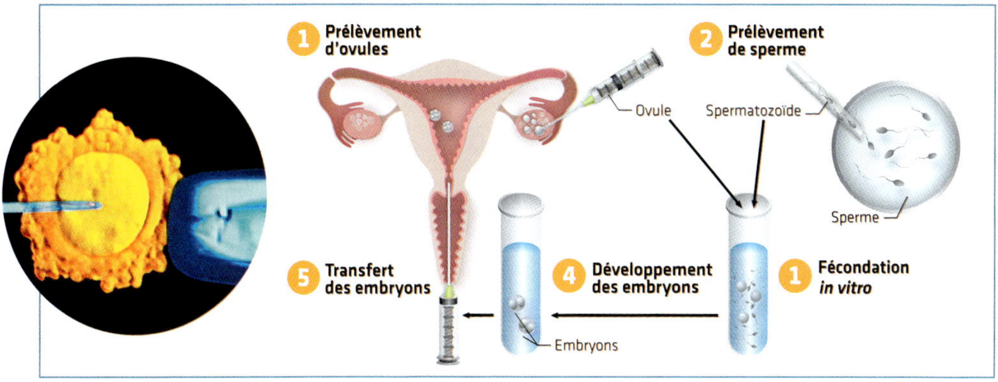

Les étapes de la fécondation *in vitro*. En photo, une injection de spermatozoïdes dans le noyau d'un ovule au moyen d'une micropipette.

quarante-cinq nouvelles tentatives d'implantation, deux grossesses arrivent à terme. Le premier bébé ainsi né, en juillet 1978, est Louise Brown, et R. Edwards recevra en 2010 le prix Nobel de physiologie et de médecine pour son apport à la maîtrise de la procréation. Quant au premier « bébé éprouvette » français, Amandine, il naît en février 1982, grâce à la collaboration du biologiste Jacques Testart et du médecin obstétricien René Frydman, qui ont, à leur tour, su développer un protocole efficace.

En 1983, l'Australien Alan Trounson met au point la technique de congélation d'embryons humains ; dès l'année suivante naît le premier enfant issu d'un embryon congelé. Cette nouvelle maîtrise de l'embryon complète celle de la conservation des spermatozoïdes. Les premières banques de sperme humain ont en effet été créées en 1970 aux États-Unis et en 1973 en France[1].

DE RUDES ÉPREUVES POUR L'ÉTHIQUE

Depuis les années 1980, la Fivete (fécondation *in vitro* et transfert d'embryons) est devenue courante : plus de 200 000 enfants ont ainsi été conçus en France. Elle soulève cependant des questionnements éthiques complexes, notamment quant au statut de l'embryon ; c'est même l'un des tous premiers sujets sur lequel s'est penché le Comité consultatif national d'éthique, créé en 1984. Porteuse de grands espoirs pour une large partie des couples stériles, cette technique a dès lors été développée en tentant, au moins en France, de concilier les enjeux de la médecine et ceux de l'éthique.

Les perspectives restent nombreuses dans le domaine de la procréation. Elles suscitent parfois des expériences de pensée dont s'empare la science-fiction. Tel fut notamment le cas du roman *Le meilleur des mondes* publié par Aldous Huxley en 1932, dans lequel des êtres humains sont incubés au sein d'utérus artificiels. Ainsi que le pensent un certain nombre de spécialistes, comme le médecin et philosophe Henri Atlan, les obstacles techniques qui se dressent devant la réalisation d'un tel dispositif ne paraissent plus du tout insurmontables à plus ou moins long terme.

Stéphane TIRARD

En complément

- *La procréation assistée ?*, Lise Barnéoud (Belin, 2013).
- *L'utérus artificiel*, Henri Atlan (Le Seuil, coll. « La librairie du XXIe siècle », 2005 ; Points, 2007).

1. Il s'agit des Cécos, centres d'études et de conservation des œufs et du sperme humain.

1962

Illustration d'une campagne américaine en faveur de l'usage agricole du DDT, en 1947, un usage alors qualifié de « bienfaiteur de l'humanité ».

LA CRISE DU DDT

Dans son livre *Printemps silencieux*, une journaliste scientifique américaine jette la lumière sur les impacts environnementaux de l'usage des pesticides chimiques.

Au début de l'été 1962, le prestigieux hebdomadaire américain *New Yorker* publie des extraits d'un nouveau livre : *Silent Spring* (*Printemps silencieux*). L'ouvrage est moins poétique que son titre puisque son auteur, Rachel Carson, y dénonce les effets néfastes du DDT et des autres pesticides modernes. À l'en croire, ces produits chimiques dépeuplent le ciel, les arbres et les rivières ; bientôt, si rien n'est fait, les oiseaux disparaîtront et la campagne sera définitivement silencieuse.

UNE SITUATION DE GUERRE

La saga du DDT débute durant la Seconde Guerre mondiale. Les forces alliées redoutent les maladies véhiculées par les insectes, en particulier le typhus transmis par les poux sur le front européen et le paludisme transmis par les moustiques dans le Pacifique. La mortalité et la morbidité de ces maladies apparaissent comme une sérieuse entrave à la victoire : plus de 600 000 militaires américains sont hospitalisés à cause du paludisme. Cette situation est aggravée en 1942 par la chute de l'approvisionnement en quinine, seul médicament efficace contre le paludisme, les Japonais venant d'envahir Java et ses plantations de quinquina.

C'est un chimiste suisse, Paul Müller, qui a découvert en 1939 les grandes capacités insecticides du dichlorodiphényltrichloroéthane (DDT). Dès 1941, des agriculteurs suisses l'utilisent contre le doryphore. L'année suivante, la société Geigy, employeur de P. Müller, informe plusieurs gouvernements de cette découverte. Les Allemands, qui possèdent de larges stocks d'arséniate de plomb, ne donnent pas suite, au contraire des Américains qui lancent une production industrielle dès février 1943. Les résultats sont spectaculaires, notamment à Naples où le produit permet d'enrayer une épidémie de typhus.

Le DDT suscite un grand engouement aux États-Unis : environ 20 000 articles lui sont consacrés entre mai 1944 et l'automne 1945 ; tous ou presque tous font l'éloge de cette arme nouvelle, qui sera souvent comparée à la bombe atomique. Les entomologistes envisagent pour la première fois de contrôler efficacement les insectes indésirables, voire d'éradiquer certaines maladies dont ils sont les vecteurs. Pourtant, dans ce concert de louanges, quelques voix discordantes s'élèvent pour attirer l'attention des autorités et des scientifiques sur les conséquences possibles du DDT, à commencer par la destruction totale des insectes utiles. Rien n'y fait : la recherche entomologique, l'industrie chimique et le gouvernement américains se lancent à corps perdu dans la promotion et la diffusion du DDT ; la production passe de 4 500 tonnes à plus de 45 000 tonnes entre 1944 et 1951.

DES ÉVIDENCES QUI S'ACCUMULENT

Les signaux d'alerte se multiplient. On rapporte de fortes mortalités dans la faune sauvage. Pire, des cas de résistances au DDT chez les insectes apparaissent dès 1948, ce qui suscite le développement de molécules encore plus toxiques. Au moins vingt-cinq nouveaux produits[1] sont commercialisés entre 1945 et 1953. La plupart d'entre eux finiront par être interdits.

Au début des années soixante, alors que l'opinion publique reste ignorante de cette pollution

Fermier de Pennsylvanie exposant, en 1955, les engrais et les pesticides utilisés en une année pour son exploitation de 31 hectares.

croissante, les scientifiques semblent divisés en deux groupes : d'une part, les entomologistes, partisans de la productivité agricole et de la puissance américaine, défendent farouchement l'usage des pesticides chimiques, faisant valoir leur importance vitale ; d'autre part, les naturalistes et les protecteurs de la faune et de la flore constatent l'extension des dégradations dues probablement à cet usage. Des résultats d'études publiées depuis 1945 montrent en effet que la pulvérisation des pesticides entraîne une forte mortalité des oiseaux et de la faune des rivières. Parmi les organisations savantes préoccupées par cette nouvelle pollution figure la Société nationale Audubon, dont est membre R. Carson, journaliste-écrivain spécialiste de biologie. Fondée en 1905, cette puissante société se voue à la protection des oiseaux ; elle a fait paraître une trentaine d'articles consacrés aux dangers du DDT entre 1945 et 1962, tandis que R. Carson menait discrètement son enquête.

1. Dont le lindane, le chlordane, le toxaphène, l'aldrine, l'endrine, l'heptachlore, le parathion et parathion éthyl.

Une plume éclairée et courageuse

Rachel Carson en 1962.

Avant la sortie de son best-seller, Rachel Carson n'apparaît ni comme une activiste extrémiste ni comme un écrivain farfelu : elle est reconnue pour la qualité de sa plume et pour la précision scientifique de ses ouvrages d'initiation à la vie marine. Son deuxième livre, *The Sea Around Us*, publié en 1951, a rencontré un succès immense, avec 250 000 exemplaires vendus et des traductions en vingt-huit langues. Il lui a permis de quitter son emploi à l'U.S. Bureau of Fisheries (Bureau fédéral des pêches) pour se consacrer entièrement à l'écriture.

Grâce à sa formation universitaire, elle connaît bien la littérature scientifique sur les pesticides. Elle est ainsi capable d'évaluer l'avancée des connaissances en la matière, ainsi que leurs enjeux. Une fois décidée à rédiger un livre, elle tient secret ce projet pour le protéger de ses futurs détracteurs : les entomologistes, le monde agricole et l'industrie chimique.

Dès la parution de *Printemps silencieux*, les réactions sont très brutales : on accuse R. Carson d'être une femme ignorante, de chercher à déstabiliser les États-Unis ; on voit dans son célibat le signe d'un comportement communiste... Cependant le public se passionne pour l'ouvrage : près de deux millions d'exemplaires auraient été vendus. Les Américains et notamment Al Gore, futur vice-président des États-Unis, découvrent ainsi les menaces que les pollutions agrochimiques font peser sur les ressources naturelles et sur la santé humaine.

Le livre est traduit en français dès 1963, amputé de sa bibliographie, et ne connaît qu'un succès très modeste en France. À l'époque, celle-ci découvrira les problématiques environnementales au travers d'autres événements comme le bétonnage de la côte méditerranéenne et surtout les grandes marées noires.

Par ailleurs, de nombreux médecins s'inquiètent de l'impact sanitaire d'une exposition régulière à un tel produit. A *fortiori*, la présence de DDT a été observée dès le milieu des années 1950 dans tous les aliments, parfois en larges quantités, ainsi que dans les tissus gras des Américains. On soupçonne que cette exposition favorise l'augmentation du nombre de cancers.

UN TOURNANT ÉCOLOGIQUE

Le rapport publié dès 1962 par R. Carson fait l'effet d'une bombe médiatique. *Printemps silencieux* a deux conséquences majeures aux États-Unis dès 1970 : la création d'une agence gouvernementale chargée de l'environnement, l'Environmental Protection Agency (jusqu'alors la régulation environnementale était confiée aux ministères en charge de la santé et de l'agriculture, fortement influencés par des lobbies) et l'interdiction du DDT (appliquée en France en 1972). Il est largement admis que cet ouvrage a aussi déclenché l'émergence de l'écologie politique, une nébuleuse d'organisations qui se distingue de la plupart des mouvements de protection de la nature alors existants par la volonté de changer en profondeur l'organisation sociale et politique.

Cette histoire connaît un rebondissement à la fin des années 1990, lorsque des militants proches de la droite ultralibérale américaine lancent une attaque posthume contre R. Carson, morte en 1964. Selon eux, la critique du DDT a été abusive car fondée sur

Épandage aérien de DDT pour lutter contre les moustiques vecteurs du paludisme (Grèce, 1945).

Représentation de la molécule de DDT. En noir figurent des atomes de carbone ; en blanc, des atomes d'hydrogène ; en vert, des atomes de chlore.

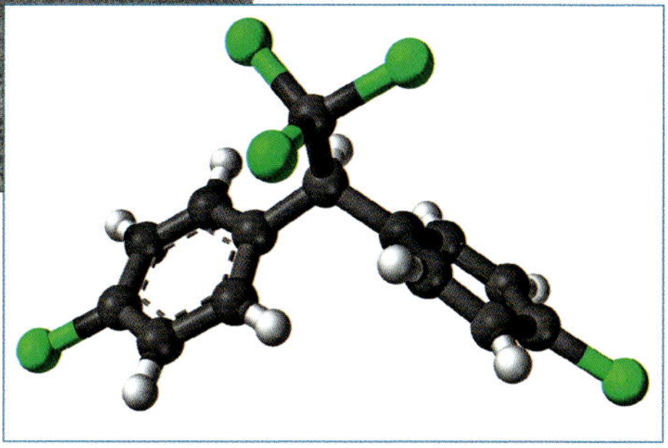

des observations fausses ou douteuses ; en favorisant la recrudescence du paludisme, son interdiction a fait des millions de victimes. Il s'agit là, clairement, d'une campagne de propagande destinée à discréditer les protecteurs de l'environnement et à empêcher la réglementation environnementale. Ses animateurs agissent au moins par conviction idéologique, toute limitation de la libre entreprise leur paraissant une atteinte aux libertés fondamentales. Ils oublient de dire que lorsque le DDT est interdit en 1970, celui-ci a perdu une grande partie de son efficacité, les moustiques s'étant adaptés !

Plus de cinquante ans sont passés depuis la parution de *Printemps silencieux* et la plupart des substances dénoncées par Rachel Carson sont aujourd'hui interdites. Pourtant, l'effondrement des effectifs d'abeilles montre que le problème de l'usage des pesticides est loin d'être réglé.

Valérie CHANSIGAUD

En complément

- *Une histoire de l'écologie*, Jean-Paul Deléage (La Découverte, 2010).
- www.cnrs.fr/cw/dossiers/doseau/decouv/degradation/06_pollution.htm
- www.ecotoxicologie.fr/historique.php

AUSSI EN 1962

- **La première diode électroluminescente est développée par l'ingénieur Nick Holonyak Jr. au sein de la société américaine General Electric.**
- **Le Russe Lev Landau reçoit le prix Nobel de physique pour ses contributions pionnières à la physique dite « de la matière condensée ». Celles-ci portent notamment sur la connaissance de propriétés très particulières de fluides et de solides, comme la superfluidité et la supraconductivité.**

1963

VERS LA FIN DU TOUT-GÉNÉTIQUE

Konrad Lorenz publie un essai sur les comportements, intitulé *L'Agression*. L'approche scientifique de ce best-seller est rudement contestée, y compris par le plus proche confrère de l'éthologiste autrichien.

Niko Tinbergen (à gauche) et Konrad Lorenz en 1978.

La théorie chromosomique de l'hérédité et la génétique ont, aujourd'hui encore, peu modifié la conception commune de ce qui fait un individu. Jusque très tard dans le XXᵉ siècle, « tout est dans les gènes », comme tout était, autrefois, « dans le sang ». Dans le même temps, les notions d'inné et d'acquis, qui renvoient à deux types de causes (interne ou externe à l'individu) considérées comme indépendantes l'une de l'autre, n'ont cessé d'alimenter les disputes sur l'origine des caractères anatomiques ou comportementaux.

En éthologie, étude des comportements naturels des animaux, ces idées sont incarnées par deux grandes figures : l'Autrichien Konrad Lorenz et le Néerlandais Nikolaas Tinbergen ont élaboré dans les années 1930 une conception innéiste, préprogrammée, des comportements instinctifs, produits et modifiés au cours de l'évolution.

UN PAVÉ DANS LA MARE AUX OIES

K. Lorenz restera célèbre surtout pour ses travaux sur « l'empreinte » et pour la méthode « d'observation participante » (celle de l'élevage « à la main » d'oisillons séparés de leurs parents, par exemple) qui lui ont permis

L'oie cendrée, animal d'étude favori de Konrad Lorenz. Élevés dès la naissance, les oiseaux prirent le savant pour une figure maternelle.

d'obtenir l'attachement de jeunes oisons envers lui. Toutefois, il s'attache aussi à analyser des actes instinctifs (comme le roulage des œufs au nid par l'oie grise), où il distingue les composantes innées (fixes) des composantes « taxiques », dues aux circonstances externes. Avec N. Tinbergen, il développe une théorie des instincts animaux, allant des « stimuli innés de déclenchement », aux « schémas moteurs innés » sous contrôle de motivations propres à l'espèce.

Expérimentateur né, N. Tinbergen développe notamment la méthode dite « des leurres » pour préciser les stimuli déclencheurs et leur importance (tache du bec de l'adulte dans la quémande alimentaire du jeune goéland, ventre rouge de l'épinoche mâle dans le comportement de nidification, etc.).

Après la Seconde Guerre mondiale, l'intérêt croissant pour l'éthologie ne va pas sans critiques. En 1953, l'Américain Daniel Lehrman jette un pavé dans la « mare éthologique » en soulignant notamment que K. Lorenz est passé à côté du rôle instructif (motivationnel, et pas seulement déclencheur) des interactions entre l'organisme et son milieu[1]. K. Lorenz et ses amis fulminent ; N. Tinbergen parle d'une « crise d'adrénaline », mais se rallie bientôt à la critique[2]. En 1963, les écrits respectifs des deux amis révèlent leur divergence.

Le premier publie *L'agression : une histoire naturelle du mal*, un essai qui reprend sa vision « instinctiviste » et dont la préface précise que le livre traite de « *l'instinct de combat de l'animal et de l'Homme dirigé contre son propre congénère* ». Ce best-seller n'apporte toutefois rien de

1. *Cf.* http://jackknife.med.yale.edu/nsci590-2012/pdfs/lehrman1953.pdf
2. *Patterns of Behavior. Konrad Lorenz, Niko Tinbergen, and the Founding of Ethology*, Richard Burkhardt (University of Chicago Press, 2005).

Goéland sur son nid.

nouveau à l'appui de l'idée d'une programmation des comportements. La notion intuitive de « pulsion agressive » demeure sans supports biologiques simples, comme les neurosciences le montreront ultérieurement.

Le second salue le soixantième anniversaire de K. Lorenz et lui rend hommage dans un article intitulé « Sur les buts et les méthodes de l'éthologie »[1], qui assigne à celle-ci quatre grandes questions à résoudre. Aux trois premières, déjà définies par l'Anglais Julian Huxley (1. Quelles sont les causes immédiates, les mécanismes physiologiques des comportements ? 2. Quelles sont les causes finales ou les fonctions des comportements ? Autrement dit, à quoi servent-ils ? 3. Comment sont-ils apparus et comment se sont-ils différenciés au cours de l'évolution ?)[2], N. Tinbergen ajoute la nécessité d'éclaircir l'ontogenèse (l'apparition chez l'individu) des comportements. Il propose l'abandon des notions d'innéité ou de programmation comportementale, qui lui paraissent désormais obsolètes, au profit de l'étude du développement (vu comme une construction) des comportements.

VERS UNE BIOLOGIE PLUS COMPLÈTE MAIS PLUS COMPLEXE

K. Lorenz campe largement sur ses positions dans un ultime essai « Évolution et modification du comportement : l'inné et l'acquis », publié en 1965. Néanmoins, le prix Nobel de physiologie et de médecine réunira les deux hommes et leur confrère autrichien Karl von Frisch en 1973. Nombre d'observateurs y voient la reconnaissance officielle de la discipline éthologie, tandis que son absence d'unité est patente. La sociobiologie[3] alors naissante consommera largement la rupture, sans les nobélisés et avec de nouveaux protagonistes.

Pourtant, la controverse scientifique s'assèche. Tout au long du xxe siècle, l'étude des variations présentes au sein des populations a en effet conduit à une vision plus complète du déterminisme biologique. Pour l'Américain Richard Lewontin en 1984, la « norme de réaction », définie comme la gamme des phénotypes (les traits d'un individu, comportements inclus) qu'un génotype (son patrimoine génétique) peut produire dans les environnements qu'il rencontre, est devenue « le concept fondamental pour bien saisir la relation entre gène et organisme ». La métaphore du « programme génétique » cède ainsi la place à celle de la « triple hélice » : les gènes, l'organisme, l'environnement et leurs interactions.

Michel VANCASSEL

1. http://www.rockefeller.edu/bard/pdf/week_02_tinbergen_on_aims_and_methods_of_ethology_zft_1963.pdf
2. *Cf.* http://sws1.bu.edu/MSOREN/Bateson.pdf

3. *Cf.* p. 74.

En complément

- *L'agression, une histoire naturelle du mal*, Konrad Lorenz (Flammarion, 1969)
- *La triple hélice : les gènes, l'organisme, l'environnement*, Richard Lewontin (Le Seuil, 2003)
- www.wikidebrouillard.org/index.php/Utilisateur:Michel

LES PANTINS DE L'AUTORITÉ

Un psychologue américain publie les résultats d'expériences portant sur la capacité à torturer sous l'influence d'un représentant d'une d'autorité. Ceux-ci font froid dans le dos !

Les Jeunesses hitlériennes saluant leur Führer. Les résultats des expériences de S. Milgram peuvent aider à comprendre que nombre d'Allemands non « tortionnaires dans l'âme » aient pu se laisser influencer par les dirigeants nazis au point de participer activement à un génocide.

La Shoah est un fait de société majeur du XXe siècle : elle illustre les atrocités que l'Homme peut commettre sur l'Homme. L'incompréhension de ce génocide est à l'origine de nombreux débats scientifiques portant sur les causes premières de cette barbarie. Existe-t-il des personnalités de « tortionnaire dans l'âme » ? Cette sauvagerie est-elle en chacun de nous, policée par la culture ? Quelles situations peuvent déclencher de tels actes ?

En 1950, le sociologue allemand Theodor Adorno met en avant l'influence de la personnalité. En 1962, un jeune chercheur en psychologie sociale, l'Américain Stanley Milgram, fait plutôt prévaloir celle de la « composante situationnelle ». Il vient à peine d'achever sa première étude portant sur le pouvoir d'un contexte particulier dans la réalisation, par des individus « ordinaires », d'actes contraires à la morale.

DES RÉSULTATS CONTRAIRES À L'INTUITION

La recherche initiale de S. Milgram est largement inspirée de l'extermination des Juifs lors de la Seconde Guerre mondiale. Menée dans le laboratoire « Interaction » de la prestigieuse Université de Yale, elle fait l'objet d'un premier rapport rendu à la National Science Foundation, en 1961, puis d'une publication dans la revue scientifique *Journal of Abnormal Psychology*, en 1963.

Les sujets de l'expérience relatée ont été recrutés par voie d'annonce dans un journal local. L'intitulé du communiqué était le suivant : « *Voulez-vous gagner 4 dollars en échange d'une heure de votre temps ? Nous demandons des volontaires pour une étude sur la mémoire.* »

À son arrivée à l'université, chaque participant était installé dans un salon. Quelques instants plus tard, une personne entrait en se présentant comme un autre sujet de l'étude, tandis qu'elle était en réalité un compère de l'expérimentateur. Ce dernier apparaissait, saluait le « sujet naïf » et le compère, puis leur présentait l'expérience comme devant servir à évaluer les effets d'une punition sur la sollicitation de la mémoire.

Le sujet naïf était invité à jouer le rôle d'un enseignant. L'expérimentateur lui demandait de lire une série de couples de mots à l'élève (le complice de l'expérimentateur) qui devait ensuite restituer de mémoire tous les couples de mots. Le sujet avait aussi pour instruction de délivrer à l'élève des chocs électriques de plus en plus puissants au fur et à mesure des erreurs commises, allant de 15 à 450 volts (des chocs en réalité fictifs : l'élève feignait d'être électrocuté). Sous les boutons du tableau de commande figuraient des inscriptions : « choc léger », « choc modéré »... « attention, choc dangereux » et seulement « X » pour 435 et 450 volts. Au début du protocole, le sujet naïf recevait un choc de 45 volts, léger mais réel, pour qu'il se fasse une idée des effets des différents voltages. Puis l'épreuve commençait et le compère effectuait des erreurs de restitution à des moments précis.

La situation se faisait vite très stressante pour les sujets : ils se tournaient fréquemment vers l'expérimentateur et demandaient parfois l'arrêt de l'expérience ou de l'administration des chocs ; celui-ci répondait par incitations successives : « Je vous prie de continuer » ; « L'expérience exige que vous continuiez » ; « Il est absolument indispensable que vous continuiez » ; « Vous n'avez pas le choix, vous devez continuer ».

Jusqu'où va-t-on pour obéir ? se demandait ainsi S. Milgram. Des psychiatres spécialistes du comportement, interrogés sur le protocole, avaient estimé qu'une personne sur mille irait jusqu'à 450 volts. Or, dans les tests, 65 % des sujets ont fini par accepter d'administrer ce voltage !

Dans une synthèse publiée en 1974, S. Milgram présente dix-huit variantes de l'expérience. On observe notamment un refus d'obéissance quand deux figures d'autorité sont en contradiction. On constate aussi que 92,5 % des sujets naïfs acceptent de demander à une autre personne installée devant le tableau de commande d'envoyer un choc électrique à leur place.

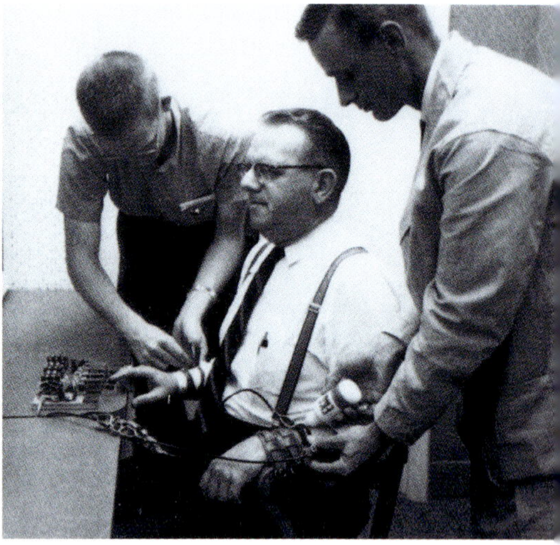

L'expérience de Stanley Milgram. Le patient, relié à un pseudo générateur de chocs électriques, simulait la réception de chocs de plus en plus puissants.

Chacun de nous est un bourreau en puissance !

Placés dans des situations particulières, nous serions donc tous capables du pire. Voilà une image de l'Homme – une image de soi – qui dérange. L'expérience de Milgram fait alors l'objet de nombreuses critiques scientifiques, philosophiques et autres. Ses résultats sont soumis à diverses procédures de vérification, mais résistent à toutes les remises en question ; ils ne seront jamais démentis. Des expériences similaires, conduites dans d'autres pays, aboutissent même à des scores d'obéissance supérieurs à 80% !

Il apparaît ainsi que la cause des comportements tortionnaires est, bien plus que la personnalité, le contexte dans lequel se trouvent les individus, en l'occurrence la soumission à une figure d'autorité dans un cadre institutionnel.

Le travail de S. Milgram a largement contribué à faire connaître la psychologie sociale ; sa fameuse expérience a même fait l'objet d'une séquence mémorable dans le film *I… comme Icare*, réalisé par Henri Verneuil en 1979. Il a inspiré de nombreux autres chercheurs, comme Philip Zimbardo, dont « l'expérience du prisonnier » ou « expérience de Stanford » (ou encore « effet Lucifer ») est restée célèbre. Menée en 1971, celle-ci visait à évaluer l'influence d'un contexte de groupes sur la réalisation de conduites moralement inacceptables. Pour ce faire, des rôles de garde et de prisonnier ont été aléatoirement distribués à dix-huit sujets volontaires, dont la bonne santé et la stabilité psychologique avaient été vérifiées au préalable. Dès le surlendemain, plusieurs sujets outrepassaient leur rôle de garde en devenant de véritables tortionnaires. L'expérience a été stoppée avant le terme prévu.

Bien que controversé encore aujourd'hui, ce type d'études expérimentales reste de mise pour mieux comprendre les mécanismes psychologiques et sociaux qui sont à l'œuvre dans la folie humaine et notamment dans le processus génocidaire.

Nicolas ROUSSIAU

En complément

- *Psychologie de la manipulation et de la soumission,* Nicolas Guéguen (Dunod, 2002).
- www.psychologie-sociale.com/index.php?option=com_content&task=view&id=60&Itemid=2n

AUSSI EN 1963

- **Le Russe Roman Jakobson publie *Essai de linguistique générale*, qui inaugure l'analyse structurale du langage et définit six fonctions fondamentales du langage : expressive, conative, phatique, métalinguistique, référentielle et poétique.**
- **La cassette audio à bande magnétique est commercialisée par la société néerlandaise Philips.**

Le développement de la psychologie sociale

La psychologie sociale étudie les rapports entre, d'une part, la pensée et les comportements de l'individu et, d'autre part, ses relations à autrui dans certains contextes. Ses premiers manuels ont été publiés en 1908 par l'Écossais William McDougall et par l'Américain Edward Ross, mais des expériences sur les comportements de l'individu soumis à l'influence d'un groupe ont été réalisées dès 1883, notamment par l'ingénieur agronome français Max Ringelman puis par l'Américain Norman Triplett.

M. Ringelman a mis en évidence le phénomène dit « de paresse sociale » : dans un jeu collectif de tir à la corde, la traction totale se révèle inférieure à la somme des efforts que chaque individu peut produire isolément ; plus les participants sont nombreux, plus chacun d'entre eux tend à réduire son effort en comptant sur celui des autres.

La discipline a connu un essor important dans les années 1950, décliné en diverses orientations théoriques : « cognition sociale », « comportementalisme », « représentation sociale », etc. On peut grossièrement en dégager ces questionnements principaux : comment pense-t-on le monde ? (croyance, idéologie, mémoire sociale…) ; comment juge-t-on les autres ? (identité sociale, discrimination, stéréotype…) ; à quel point sommes-nous influençables ? (persuasion, manipulation, décision de groupe…) ; comment communique-t-on ? (langage, rumeur, slogan…).

Parmi les moyens de recherche usuels en psychologie scientifique, la méthode expérimentale est souvent employée. Elle cherche à établir des liens de cause à effet en s'appuyant sur des statistiques issues de tests effectués en laboratoire ou en milieu « naturel », auprès d'individus ou de groupes d'individus. Les résultats des tests sont comparés à ceux obtenus avec des sujets « témoins », qui n'ont pas été placés dans la même situation expérimentale.

DE LA CHIMIE DANS LES PENSÉES

La description de la propagation et de la transmission des messages nerveux vaut à ses trois principaux auteurs le prix Nobel de physiologie et de médecine.

John Carew Eccles dans son laboratoire en 1963.

Au début du XXe siècle, le neurone fut reconnu comme étant l'unité fonctionnelle du système nerveux, sa capacité à émettre et propager des messages sous-tendant tout le fonctionnement cérébral. On savait aussi que les messages qui se propagent dans les axones et les dendrites (parties allongées des neurones) sont de nature électrique, impliquant des mouvements d'ions à travers la membrane de la cellule neuronale. Cependant, leur passage d'un neurone à l'autre, dans la zone de jonction sans contact nommée synapse par l'Anglais Charles Sherrington, reste encore énigmatique à l'aube des années cinquante. Deux hypothèses sont alors envisagées : une transmission électrique et une transmission effectuée par des molécules.

UNE CONVERSION THÉÂTRALE

La rivalité entre théorie électrique et théorie chimique dure depuis plus d'un demi-siècle. Les études menées sur le système nerveux périphérique, en particulier sur les jonctions des nerfs musculaires, ont fini par montrer l'existence d'une transmission chimique, mais la moelle épinière et surtout le cerveau, fouillis inextricable de milliards de neurones enfermés dans la boîte crânienne, sont d'un abord expérimental plus difficile.

L'Australien John Eccles, élève de Ch. Sherrington, est d'abord partisan de la théorie électrique. En 1951, alors qu'il étudie la transmission synaptique dans la moelle épinière d'animaux, il distingue à l'aide de microélectrodes deux types de signaux électriques antagonistes : le potentiel post-synaptique d'excitation (PPSE), qui tend à stimuler l'activité électrique du neurone post-synaptique, et le potentiel post-synaptique d'inhibition (PPSI).

Comment un signal électrique pourrait-il provoquer une inhibition ? Pour J. Eccles, cela n'est possible que si le neurone présynaptique libère une molécule qui va se fixer sur un récepteur particulier du neurone post-synaptique. Convaincu de l'existence d'un tel neurotransmetteur, il rejoint le « camp des chimistes ». En 1963, fort de travaux probants, il reçoit le prix Nobel de médecine en compagnie d'Alan Hodgkin et de Andrew Huxley, qui ont précisé le mécanisme ionique de la conduction nerveuse.

Par la suite, J. Eccles dit avoir rencontré Karl Popper, selon lequel une théorie, pour être scientifique, doit être réfutable par l'expérience.

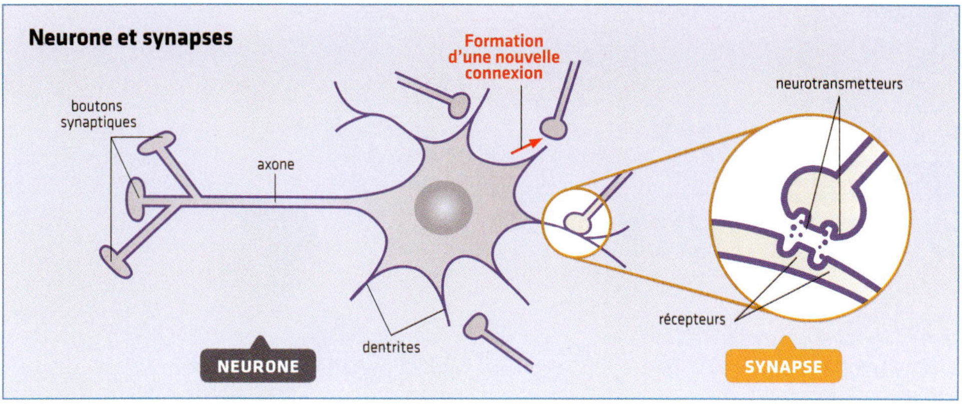

Neurone et synapse chimique.

Travailler à démentir une théorie peut consolider celle-ci scientifiquement ou, dans le cas d'une réfutation effective, faire progresser les connaissances tout en laissant plus de place aux théories concurrentes ; c'est dans cette perspective qu'il prétend avoir conçu son expérience cruciale, capable de détecter le PPSI et, le cas échéant, de mettre en défaut l'hypothèse d'une transmission électrique.

L'ESSOR DES NEUROSCIENCES

J. Eccles a-t-il ainsi reconstruit sa recherche de façon enjolivée et idéaliste ? Quoi qu'il en soit, la plupart de ses confrères le suivent dans la « voie chimique ». Dès lors, les découvertes de neurotransmetteurs cérébraux se multiplient, révélant combien le cerveau est une machinerie chimique complexe mais ouvrant néanmoins la voie à nombre d'applications pharmacologiques, comme expliquer l'action de substances psychotropes ou soigner chimiquement des neuropathologies telles que la maladie de Parkinson. Les recherches s'étendent aux gènes impliqués dans les mécanismes de transmission.

Ainsi qu'il le sera d'abord découvert chez les crustacés, il existe bel et bien, chez les mammifères, des « synapses électriques », dépourvues de médiation chimique : les potentiels électriques des membranes neuronales sont modifiés par le passage d'ions d'un neurone à l'autre. Il a été montré plus récemment encore que les cellules gliales, qui entourent les neurones, modulent la transmission des messages ; ce phénomène reste encore largement étudié.

J. Eccles, comme d'autres neurophysiologistes, s'est aussi attaqué au *mind-body problem*, qui consiste à élucider la relation entre fonctionnement cérébral et phénomènes psychiques. En la matière, il s'est distingué en professant un dualisme proche de celui de René Descartes, qui sépare radicalement le corps et l'esprit, mais qui attribue à ce dernier des capacités d'action sur le corps. La neurophysiologie et l'imagerie cérébrale fonctionnelle ont quelque peu éclairé cette relation depuis lors ; pour autant, le *mind-body problem* reste très ouvert en biologie comme en philosophie de l'esprit.

Jean-Claude DUPONT

En complément

- *Évolution du cerveau et création de la conscience*, John. C. Eccles (Fayard, 1992).
- « La synapse, de la transmission électrique à la transmission chimique », J. C. Eccles (trad. J.-C. Dupont), *in : L'invention du cerveau*, Bernard Andrieu (Pocket, 2002).
- https://sites.google.com/site/aphysionado/home/cellsnv/PA/integration-synaptique

1963

ET LE CHAOS DEVINT DESCRIPTIBLE

Un mathématicien américain déclenche une tornade scientifique en utilisant une représentation simple et puissante pour étudier un phénomène chaotique.

Le débarquement des forces alliées en Normandie était initialement envisagé le 5 juin 1944, mais les prévisions météorologiques faites la veille annoncèrent des vents et des pluies pouvant empêcher le succès de l'opération ; aussi fut-il reporté d'un jour. Ce fait influença la mise en place d'un programme de prévisions « à 24 heures » sur l'ensemble du territoire des États-Unis, ciblant notamment les tornades et les ouragans.

Ce programme reposait sur le modèle de circulation atmosphérique élaboré par Norman Philipps en 1956, qui peinait à prendre en compte la convection et la turbulence à petite échelle. Des erreurs apparaissaient quel que soit le nombre de stations de mesure et la précision des modèles ; il semblait impossible de produire des prévisions fiables au-delà de quelques jours.

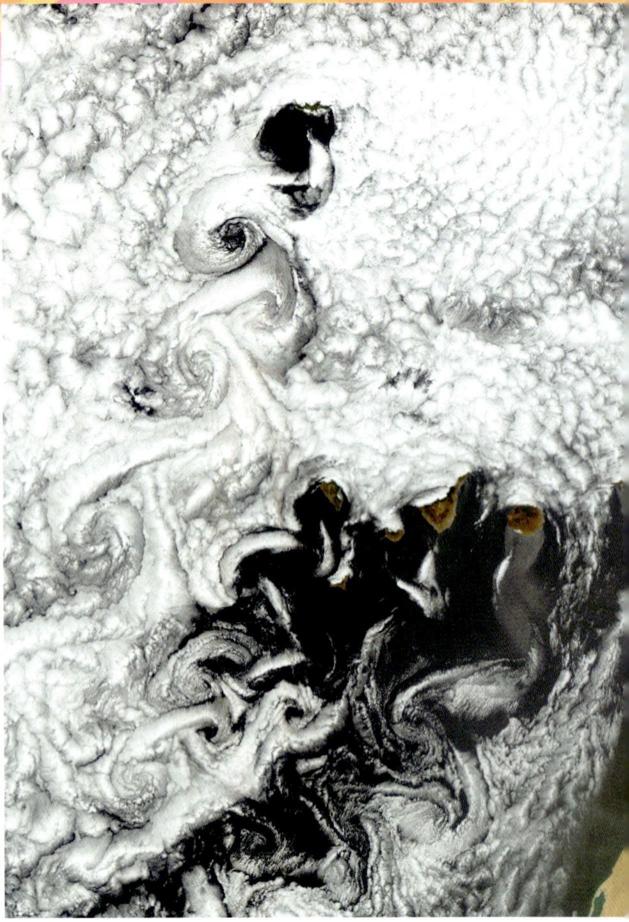

Turbulences dans l'atmosphère de la Terre.

PREMIÈRES EXPÉRIENCES NUMÉRIQUES

Philip Duncan Thompson a remarqué en 1953 que les petites erreurs faites dans les mesures des conditions atmosphériques, « conditions initiales » des calculs, induisaient dans les résultats des écarts aux observations doublant tous les deux jours. Quelques années plus tard, Edward Lorenz, un mathématicien devenu météorologiste durant la guerre, se demande si les échecs des prévisions proviennent de ces erreurs initiales ou d'une simplification abusive des équations modélisant les mouvements atmosphériques. Tester la qualité du modèle utilisé nécessite de le comparer à des modèles plus complets mais très coûteux en calculs et sans garantie qu'aucun effet conséquent n'a été ignoré ; en revanche, savoir si l'accroissement des erreurs dépend de la nature du phénomène modélisé paraît moins ardu puisque cela peut être réalisé avec un modèle très simple.

E. Lorenz opte pour la seconde voie. Reprenant les travaux de Barry Saltzman, qui considérait la convection comme la cause principale des mouvements de l'atmosphère (donc des vents), il modélise grossièrement celle-ci à l'aide d'une différence de température appliquée à un fluide (typiquement, la troposphère est chauffée par le sol et se refroidit par le haut ; l'air chaud s'élève tandis que l'air froid, plus dense, descend ; ainsi se créent des « rouleaux de convection ») : il simplifie à l'extrême les équations de Navier-Stokes, qui décrivent la dynamique de tout fluide. Ces nouvelles équations n'ont pas pour autant de solution analytique, c'est-à-dire prenant la forme d'une formule mathématique. Aussi, Lorenz calcule des solutions numériques sur ordinateur qui jouent un rôle équivalent à des mesures expérimentales.

E. Lorenz obtient au bout de cent minutes de calcul effectué par son ordinateur une trajectoire correspondant à six cycles de convection. Peu après le lancement d'un tel calcul, il part boire un café ; quand il revient, il voit que la simulation s'est interrompue prématurément, pour une raison inexpliquée. Plutôt que de refaire le calcul intégralement, il le relance à partir de valeurs obtenues peu avant l'arrêt ; il constate que la nouvelle trajectoire calculée est d'abord quasi identique à la précédente puis s'en éloigne rapidement ! Après avoir écarté un dysfonctionnement de la machine, il comprend l'origine de la divergence : dans les conditions initiales de la seconde simulation, il n'a retenu que trois chiffres après la virgule, alors que l'ordinateur en utilise six pour les calculs ; un écart inférieur à un pour mille a suffi à générer une évolution très différente de la précédente. Il en conclut que la grande sensibilité aux conditions initiales est inhérente au phénomène de convection et non pas à un manque de précision du modèle.

DE LA TURBULENCE AUX ATTRACTEURS ÉTRANGES

S'appuyant sur la représentation des solutions comme l'avait introduit à la fin du XIXe siècle le mathématicien français Henri Poincaré, E. Lorenz représente ses résultats par des trajectoires dans l'espace des phases grâce auxquelles il est plus facile de caractériser la dynamique d'un système qu'au moyen des graphes habituels, où les valeurs des variables sont tracées en fonction du temps. Bien que les mouvements soient irréguliers, non périodiques, « chaotiques », il voit ainsi que les

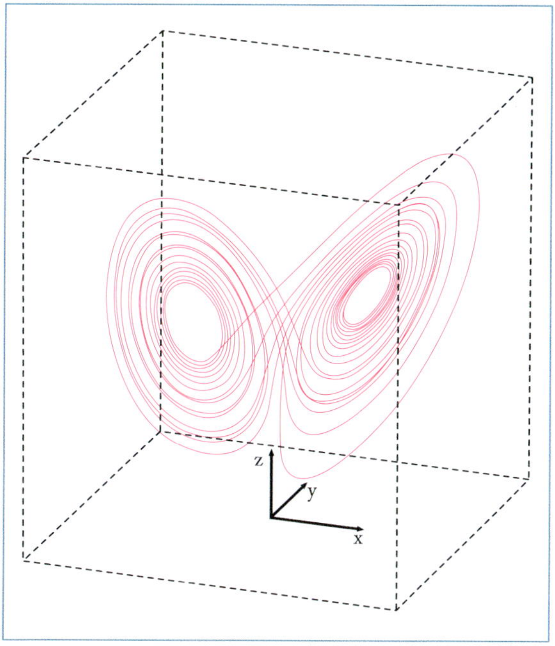

L'attracteur étrange de Lorenz.

Un espace révélateur

Les équations de Lorenz décrivent la convection d'un fluide à l'aide de trois variables : *x*, la vitesse de rotation des rouleaux de convection ; *y*, la différence de température entre les côtés gauche et droit des rouleaux ; *z*, liée à la variation de température entre le fond chauffé et la surface libre froide. Leurs solutions apériodiques consistent en des oscillations imprédictibles à long terme et apparemment aléatoires : lorsqu'elles sont tracées sous la forme d'une trajectoire dans l'espace des phases (et non pas sur un graphe dont l'une des dimensions est le temps), une structure bien définie (donc non aléatoire) et ressemblant aux ailes d'un papillon apparaît ; la trajectoire fait quelques tours sur une aile, puis passe sur l'autre, et ainsi de suite (*cf.* l'image p. 65).

C'est en étudiant le « problème restreint des trois corps » (afin de prévoir l'évolution d'un système constitué de deux planètes massives et d'une petite lune), dont les équations sont à peine plus compliquées que celles de Lorenz et qui n'ont pas non plus de solution analytique, que H. Poincaré mit en évidence la sensibilité aux conditions initiales du mouvement de la lune, et c'est en utilisant l'espace des phases qu'il en étudia les solutions chaotiques. E. Lorenz a fait de même à l'aide d'un ordinateur, produisant ainsi « simplement » le type de figure que H. Poincaré avait renoncé à esquisser, faute de moyens de calcul suffisants.

Cette représentation dans laquelle le temps n'apparaît pas permet d'accéder à l'ordre sous-jacent au chaos car, quelle que soit la trajectoire qui le visite, l'attracteur est invariant sous l'action du temps ; c'est cette invariance qui le rend descriptible, confirmant finalement l'approche platonicienne selon laquelle « n'est descriptible que ce qui est permanent. »

trajectoires s'organisent sur une surface plutôt simple, qui peut évoquer les ailes d'un papillon.

La découverte d'une telle structure ne devient vraiment utilisée qu'après la remise en cause, par le Belge David Ruelle et le Néerlandais Floris Takens, du scénario de « la transition vers la turbulence » développé par Eberhard Hopf et Lev Landau dans les années 1940. Selon ces derniers, la turbulence, qui désigne le comportement apériodique et désordonné d'un fluide, ne pouvait correspondre à une structure simple dans un espace des phases de petite dimension et ne pouvait même être décrite que dans un espace de dimension infinie. D. Ruelle et F. Takens démontrent en 1971 qu'une solution non périodique et apparemment désordonnée peut être obtenue dans un espace dont la dimension n'excède pas 5 ; ils désignent par « attracteur étrange » ce type de structure. Trois ans plus tard, D. Ruelle prend connaissance de l'attracteur de Lorenz et le considère comme un bel exemple (dans un espace de dimension trois) d'attracteur étrange. Il fait ensuite une série de conférences en France et aux États-Unis pour inciter les hydrodynamiciens à tester l'hypothèse faite avec son collègue, qui reste toutefois incomplètement vérifiée à ce jour.

DES STRUCTURES APPARAISSENT LÀ OÙ RÉGNAIT LE DÉSORDRE

Ainsi qu'il l'a exposé en 1963, E. Lorenz s'est demandé si un battement d'ailes de mouette peut suffire à altérer la course de l'atmosphère. Cette question est probablement à l'origine de l'intitulé de l'une de ses conférences, choisi par l'organisateur d'un colloque tenu au Japon en 1972 : « Un battement d'aile de papillon au Brésil peut-il provoquer une tornade au Texas ? » Cette image très suggestive perdure encore dans l'imaginaire collectif lié à la notion de chaos, malgré la connaissance de la réponse négative : les effets d'une telle perturbation ne

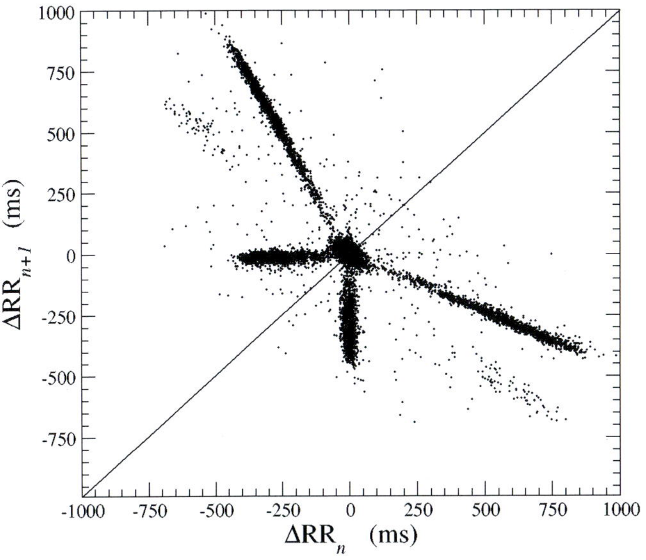

Détection d'une extrasystole. La représentation dans l'espace des phases est utilisée en médecine pour détecter des pathologies cardiaques chez des patients : lorsqu'on trace la différence ΔRR_{n+1} entre les durées de deux battements consécutifs en fonction de la différence ΔRR_n entre deux battements précédents, les extrasystoles (battements survenant de manière anticipée par rapport à un battement normal) sont repérables par la présence d'une structure faite de quatre segments.

dépassent guère la dizaine de centimètres à cause de la viscosité de l'air !

Depuis lors, la communauté scientifique s'intéresse de près aux phénomènes chaotiques, comprenant qu'il existe une sorte d'ordre caché dans maints systèmes dont les évolutions paraissent aléatoires alors qu'elles sont parfaitement déterministes (ces systèmes sont dépourvus de hasard : un seul état peut succéder à un état donné). De nouveaux outils sont développés pour décrire les solutions chaotiques et les attracteurs étranges qui leurs sont associés : il s'agit par exemple de connaître la structure régissant l'évolution de l'amplitude de chaque oscillation, ou le temps au bout duquel l'évolution du système ne peut plus être prédite avec la certitude de ne pas dépasser une marge d'erreur fixée.

Christophe LETELLIER

En complément

- *The Essence of Chaos*, Edward N. Lorenz (University of Washington Press, 1995).
- *Hasard et chaos*, David Ruelle (Odile Jacob, 1991).
- *Le chaos dans la nature*, Christophe Letellier, Préface d'Otto Rössler (Vuibert, 2006).

AUSSI EN 1963

- L'Américain Marteen Schmidt découvre que de lointains quasars (galaxies émettant des rayonnements particulièrement intenses) ont des vitesses d'éloignement élevées. L'hypothèse de l'expansion de l'Univers est ainsi étayée fortement.
- Le Valium®, nom commercial d'un médicament anxiolytique à base de benzodiazépine, est mis sur le marché par les laboratoires suisses Roche. Il est l'un des psychotropes les plus consommés au monde.

1964

L'INFORMATIQUE ERGONOMIQUE

Le langage Basic est inventé aux États-Unis, peu après le premier prototype de souris informatique. Il rend accessible la programmation à tous les étudiants.

Thomas Kurtz et un étudiant du Dartmouth College en 1964. Les informaticiens travaillaient alors sur des terminaux Teletype dépourvus d'écran.

Au début des années soixante, la diffusion des ordinateurs dans les universités américaines et européennes incite un nombre croissant d'étudiants à apprendre à programmer. Plusieurs langages de programmation ont déjà été inventés : Fortran pour le calcul scientifique, Cobol pour la gestion comptable, Lisp pour l'intelligence artificielle, etc. Ces langages « de haut niveau » sont moins ésotériques et moins spécifiques à chaque modèle d'ordinateur que les « langages machines » formés de signes binaires (0 et 1) ou que les « codes assembleurs », mais ils restent cependant destinés à des professionnels et inadaptés à l'enseignement de l'informatique.

UN ÉLAN PÉDAGOGIQUE

John Kemeny et Thomas Kurtz, mathématiciens au Dartmouth College, dans le New Hampshire, ont entrepris de réaliser un système d'exploitation en *time-sharing*[1]. Le but est de connecter plusieurs terminaux à l'ordinateur du centre de calcul, ce qui permet d'enseigner la programmation à un groupe d'élèves en donnant à chacun l'accès à l'unité centrale pour tester son programme en même temps que les autres. Sous la direction de J. Kemeny et Th. Kurtz, au premier semestre 1964, une équipe d'étudiants

1. *Cf.* p. 112.

développe à la fois ce système et un nouveau langage : *Beginner's All-purpose Symbolic Instruction Code* (Basic). Plus simple que Fortran, Basic est plus rapide à traiter par la machine, plus facile à assimiler par des apprentis et mieux adapté à des usages non scientifiques. Deux autres caractéristiques sont requises : générer des messages d'erreur aisément compréhensibles et pouvoir être enrichi de nouvelles fonctionnalités.

En quelques mois, le langage est défini et l'équipe rédige son compilateur, un programme qui « traduit » les instructions en signes binaires. Il repose sur une syntaxe comportant un petit nombre d'instructions, comme IF, THEN et ELSE pour une exécution conditionnelle, GOTO (saut vers une autre instruction) ou PRINT (affichage à l'écran ou impression). Dès la rentrée 1964, la plupart des étudiants de Dartmouth s'initient à son usage ainsi qu'à l'emploi du système d'exploitation *via* des terminaux. Après deux heures de cours et quelques travaux pratiques, ils programment, effectuent des calculs et utilisent divers logiciels stockés sur les bandes magnétiques d'une « programmothèque ».

Premier prototype de souris, présenté par Douglas Engelbart en 1968.

À la fin des années soixante, Basic est enseigné comme langage d'initiation dans plusieurs dizaines d'établissements américains. Il n'est pas le seul de son espèce : dès 1961, la PAF (Programmation automatique des formules), comparable au Basic par sa conception simple et son interactivité, a été diffusée en France avec le mini-ordinateur CAB 500, avant qu'apparaissent des langages plus élaborés, tels que Pascal et LSE (Langage symbolique d'enseignement) au début des années soixante-dix. Basic est cependant celui qui connaît la plus grande diffusion ; tout constructeur d'ordinateurs destinant son matériel au marché éducatif a grand intérêt à fournir un compilateur Basic. En 1975, il deviendra le principal langage utilisable sur les micro-ordinateurs, bientôt associé aux produits d'un jeune éditeur de logiciels : Microsoft.

Comme sur des roulettes

Basic a été critiqué pour le manque de rigueur qu'il tendait à induire, notamment par abus de l'instruction GOTO. Mieux valait ne pas l'utiliser pour programmer les commandes d'un avion ou celles d'une centrale nucléaire ! Il a pourtant joué un rôle culturel décisif en permettant rapidement à des millions d'utilisateurs d'écrire leurs propres programmes et d'interagir avec un ordinateur.

Le progrès de l'interaction homme-machine passe non seulement par les langages symboliques mais aussi par les appareils de commande. Une autre innovation majeure est apparue en 1963, en Californie : l'électronicien Douglas Engelbart inventa la souris informatique. La première version comportait deux roues perpendiculaires, déterminant les coordonnées *x* et *y*. D. Engelbart en fit une démonstration spectaculaire dans un congrès en 1968. Simultanément, la firme allemande Telefunken Computers présenta une souris dont le mécanisme utilisait une boule. Toutefois, peu d'ordinateurs possédaient alors un écran ; le grand public ne bénéficiera de ces expériences qu'à partir des années 1980, avec les micro-ordinateurs MacIntosh d'Apple.

Pierre MOUNIER-KUHN

En complément

- *L'informatique en France de la Seconde Guerre mondiale au Plan Calcul*, Pierre Mounier-Kuhn (PUPS, 2010).
- http://linformatiquebyfe.free.fr/history/history1961-1970.php3

LA MATIÈRE DÉNOYAUTÉE

La physique des particules réalise de grandes avancées grâce à la description des quarks et à l'hypothèse de la « brisure spontanée de symétrie ».

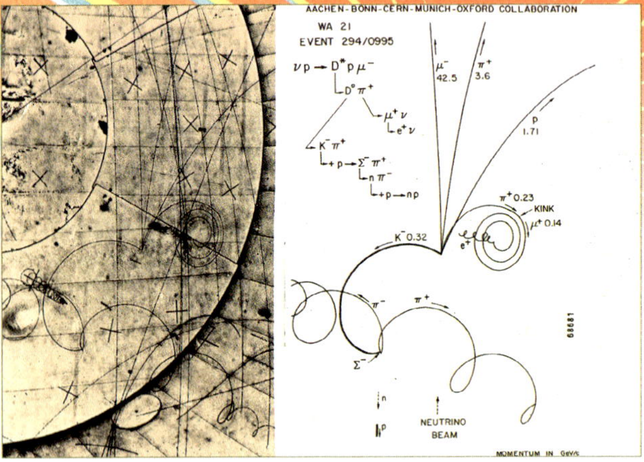

Traces dans une chambre à bulles (à gauche) et leur interprétation.

En 1937, quarante ans après la découverte de l'électron, les physiciens connaissent seulement trois autres « particules élémentaires[1] » : le proton, le neutron et le neutrino, propre à la radioactivité.

UN NOUVEAU BESTIAIRE

Dix ans plus tard, de nouvelles particules instables ont été découvertes en utilisant principalement l'émulsion photographique exposée au rayonnement cosmique dans la haute atmosphère. L'une d'entre elles est le pion, prédit par le Japonais Hideki Yukawa comme vecteur (porteur) de l'interaction forte qui lie les protons et les neutrons dans le noyau atomique. Une autre est le muon ou « électron lourd » auquel est associé le neutrino muonique, observé en 1962. On découvre également des particules produites par paires et qui ont un temps de vie relativement « long », de l'ordre de 10^{-10} seconde ; pour décrire ces deux propriétés, on leur assigne « l'étrangeté », un nouveau nombre quantique qui est conservé globalement lors de l'interaction forte où elles sont produites en paires particule-antiparticule, mais n'est pas conservé par l'interaction faible qui gouverne leur désintégration.

Les années cinquante marquent les débuts de la physique des particules comme *Big Science* (le Cern[2] est créé en 1954). Le bestiaire des particules s'enrichit alors considérablement, grâce au développement des accélérateurs qui permettent des collisions de particules à haute énergie, et aux chambres à bulles. Celles-ci permettent d'observer les traces des particules qui proviennent elles-mêmes de la désintégration des particules instables produites lors des collisions. Plusieurs dizaines de nouvelles particules de temps de vie très court (10^{-23} seconde) sont observées, ainsi que toute une panoplie de particules étranges. Les particules seront désormais classées en deux groupes : les mésons (comme le pion et le kaon étrange), de masse inférieure à celle du proton, et les baryons, qui se désintègrent en donnant finalement un proton.

1. qui ne semblent pas constituées de particules plus petites.

2. Organisation européenne pour la recherche nucléaire.

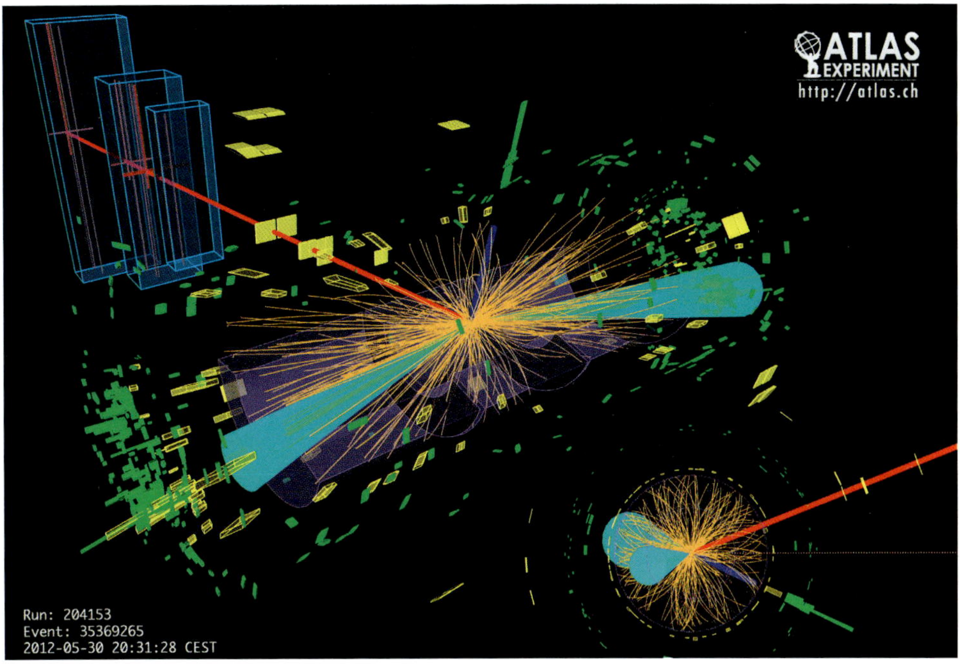

Représentation d'une collision produite au LHC (Cern)
et ayant contribué à la détection du boson de Brout-Englert-Higgs en 2012.

L'HYPOTHÈSE DES QUARKS

En 1964, Murray Gell-Mann, George Zweig et d'autres physiciens parviennent à mettre de l'ordre dans ce bestiaire de particules dont certaines ne sont, de toute évidence, pas élémentaires. Ils s'appuient sur l'isospin, une notion fructueuse en physique nucléaire. Le proton et le neutron ayant des masses et des propriétés très proches, sauf pour la charge électrique, ils sont considérés comme deux manifestations distinctes d'un même objet, et comme formant donc un « doublet d'isospin ». On calcule les propriétés de leurs interactions en utilisant les règles qui gouvernent la symétrie d'isospin, associée à une structure mathématique particulière, le groupe SU(2).

M. Gell-Mann et ses collègues poursuivent ce jeu théorique avec le groupe SU(3). Ils associent dans un triplet d'isospin trois objets dont la propriété quantique nommée spin vaut 1/2 : les quarks[1] *up* (u), *down* (d) et *strange* (s). En combinant un quark et un antiquark[2] selon les règles de la symétrie SU(3), ils construisent un multiplet de neuf mésons de spin 0 (dont le pion, composé des quarks u et anti-d, et le kaon : u et anti-s), et un nonet de mésons de spin 1. Avec trois quarks, ils construisent l'octet des baryons de spin 1/2, incluant le proton (uud), le neutron (udd) et le baryon étrange Λ (uds), ainsi que le décuplet des baryons de spin 3/2. Les règles de SU(3) permettent de rendre compte des petites différences de masse entre les membres d'un multiplet.

1. nom tiré de *Finnegan's Wake*, un roman de James Joyce.
2. L'antimatière est constituée d'antiparticules identiques à celles de la matière, sauf que les charges électriques sont opposées. Ainsi le positon est un électron de charge positive, et à chaque quark correspond un antiquark de charge opposée.

	Fermions (3 générations de la matière) I	II	III	Bosons (forces)	
Masse → Charge → Spin → Nom →	2,4 MeV/c^2 2/3 1/2 **u** up	1,27 GeV/c^2 2/3 1/2 **c** charm	171,2 GeV/c^2 2/3 1/2 **t** top	0 0 1 γ photon	électromagnétisme
Quarks	4,8 MeV/c^2 –1/3 1/2 **d** down	104 MeV/c^2 –1/3 1/2 **s** strange	4,2 GeV/c^2 –1/3 1/2 **b** bottom	0 0 1 **g** gluon	interaction forte
	<2,2 eV/c^2 0 1/2 ν_e neutrino électronique	<0,17 MeV/c^2 0 1/2 ν_μ neutrino muonique	<15,5 MeV/c^2 0 1/2 ν_τ neutrino tauique	91,2 GeV/c^2 0 1 Z^0 boson Z°	interaction faible
Leptons	0,511 MeV/c^2 –1 1/2 **e** électron	105,7 MeV/c^2 –1 1/2 μ muon	1,777 GeV/c^2 –1 1/2 τ tau	80,4 GeV/c^2 ±1 1 $W^\pm$ boson W	interaction faible

Particules du modèle standard. Les « briques élémentaires » de la matière sont organisées en trois familles ou « générations » ; il en va de manière identique pour les antiparticules (non listées ici). Chaque famille compte deux leptons et deux quarks, tous de spin 1/2 : un lepton de charge électrique -1 (respectivement l'électron, le muon et le tau) et un lepton de charge 0 (les neutrinos électronique, muonique et tau) ; un quark de charge +2/3 (les quarks up, charm et top) et un quark de charge -1/3 (down, strange et bottom). Les neutrinos connaissent seulement les interactions faibles ; les leptons chargés connaissent en outre les interactions électromagnétiques ; les quarks connaissent les interactions faibles, électromagnétiques et fortes. Les particules de spin 1 sont les vecteurs des interactions fondamentales : le photon pour l'interaction électromagnétique ; les bosons W et Z pour l'interaction faible ; les gluons pour l'interaction forte. À ce tableau s'ajoute le boson de Brout-Englert-Higgs, de spin 0, qui est responsable de l'acquisition de la masse par les particules élémentaires.

DES MATHÉMATIQUES À LA RÉALITÉ

À ce stade, les quarks restent des objets mathématiques dont la fonction est de relier élégamment, par des symétries, les particules connues. Des expériences menées à partir de 1968 leur donnent davantage de réalité : lors de collisions à haute énergie entre électrons et protons, certains électrons sont fortement déviés, indiquant qu'ils ont percuté un composant ponctuel au sein du proton[1].

Parallèlement, le travail théorique continue et, dès 1970, on soupçonne l'existence d'un deuxième quark de charge 2/3, nommé *charm*, pour expliquer notamment l'absence d'observation de la désintégration des kaons neutres en paires muon-antimuon. En 1974, la découverte du méson J/Ψ, interprété comme une paire *charm-anticharm*, vient confirmer de manière éclatante cette conjecture. La deuxième famille de quarks est désormais complète.

Le prix Nobel de physique Murray Gell-Mann en 1972.

Existe-t-il une troisième famille de quarks ? Certains théoriciens le supposent dès 1973 afin de rendre compte de la « violation de CP », une propriété de l'interaction faible en rapport avec

1. Des observations semblables avaient permis en 1909 à Ernest Rutherford de mettre en évidence l'existence d'un noyau au sein de l'atome.

l'asymétrie entre la quantité de matière et celle d'antimatière dans l'Univers. La découverte expérimentale du lepton τ puis celle du méson Y (paire *bottom-antibottom*) et, finalement, celle du quark *top* (le plus massif de tous) en 1994 leur donnent raison.

Les familles de quarks et de leptons sont ainsi probablement au complet. Les expériences menées avec le collisionneur LEP du Cern suggèrent en effet, au début des années 1990, qu'il n'existe pas d'autres neutrinos que ceux des trois familles connues.

Pour compléter cette description cohérente des forces et des particules élémentaires, dénommée « modèle standard », il convient cependant de comprendre l'origine de la masse des particules. Le mécanisme en a été proposé en 1964 par R. Brout, F. Englert et P. Higgs, et il sera confirmé en 2012, au Cern, par la détection d'une particule qui a les propriétés attendues.

Toutefois, des défis majeurs restent posés à la physique des particules, notamment savoir comment y intégrer la gravitation, ou encore préciser la nature de la « matière noire » et de « l'énergie sombre » de l'Univers, proposées pour rendre compte de son expansion actuelle.

Pierre MARAGE

En complément

- *Les Quarks: histoire d'une découverte*, Daniel Husson (Ellipses, 2000)
- *Higgs, le boson manquant*, Sean Caroll (Belin, 2013)
- www.lhc-france.fr/foire-aux-questions/la-physique-au-lhc/

AUSSI EN 1964

La chimiste anglaise Dorothy Hodgkin reçoit le prix Nobel de chimie pour l'application de la cristallographie par rayons X à la biologie macromoléculaire, qui a notamment permis de décrire la vitamine B12.

Une brisure unificatrice

Au début des années 1960, l'aboutissement remarquable de la théorie quantique et relativiste de l'électromagnétisme conforte l'idée que toutes les forces entre particules élémentaires reflètent des symétries naturelles, nommées « invariances de jauge » : les interactions ne doivent pas dépendre de la variable « phase », qui participe à la description ondulatoire des particules. Mais dans cette approche, les interactions ont une portée infinie et sont véhiculées par des bosons sans masse, comme le photon ; or tel n'est pas le cas de l'interaction faible, qui est à très courte portée.

En 1964, les Belges François Englert et Robert Brout et, indépendamment, l'Écossais Peter Higgs s'inspirent du phénomène de supraconductivité (voir p. 15) pour proposer un mécanisme qui résout cette contradiction. Très tôt dans l'Univers, jusque environ 10^{-12} seconde après le Big Bang, les interactions électromagnétique et faible n'en font qu'une, et les vecteurs des forces sont sans masse. Puis, avec l'expansion et le refroidissement de l'Univers, les interactions se séparent sous l'effet d'une « brisure spontanée de symétrie », analogue à la magnétisation soudaine d'un métal ferromagnétique en deçà d'une température critique. Apparaissent dès lors, en plus du photon sans masse, deux bosons massifs (W et Z, observés au Cern en 1983), ainsi qu'une particule de spin nul : le boson de Brout-Englert-Higgs.

Cette théorie décrit la masse des particules élémentaires comme une propriété de leur interaction avec l'énergie portée dans le vide par le « champ de Higgs », et non pas comme une caractéristique intrinsèque des particules, ce qui constitue une véritable révolution conceptuelle en physique.

Depuis la mise en évidence en 2012 du boson de Brout-Englert-Higgs par les expérimentateurs du LHC (*Large Hadron Collider*) au Cern, le « modèle standard » de la physique des particules est complètement étayé.

LA GÉNÉTIQUE DE L'ALTRUISME

Un biologiste américain propose une explication de la coopération dans le monde vivant en attribuant une base génétique à l'altruisme.

La théorie de W. Hamilton prédit que la génétique des fourmis favorise la coopération entre femelles, qui est à la base de leurs sociétés.

L'Anglais William Hamilton n'est pas encore renommé parmi les biologistes de l'évolution lorsqu'il publie, en 1964, l'article intitulé « The Genetical Evolution of Social Behavior ». Inspiré par *The Genetical Theory of Natural Selection*, un ouvrage de son compatriote Ronald Fisher, il y décrit un processus de sélection naturelle qui inclut un bénéfice apporté par les comportements altruistes. L'article ne reste pas longtemps inaperçu.

L'ALTRUISME EN FORMULE

Le processus modélisé par W. Hamilton, nommé plus tard « sélection de parentèle », concerne des organismes de même espèce qui coopèrent en réservant leurs bienfaits à leurs apparentés : les cris d'alarme lancés par un oiseau faisant la garde, qui permettent à son groupe de s'envoler à l'arrivée d'un prédateur ; la défense d'une troupe de babouins par quelques mâles faisant front à une troupe adverse ; le sacrifice des abeilles qui attaquent de leur dard un intrus dans la colonie ; celui de fourmis-soldats emportés par un prédateur dans lequel elles ont enfoncé leurs mandibules, etc.

Le modèle consiste en une formule simple : la sélection d'une mutation prédisposant à un comportement altruiste est favorisée si le coût C (perte de potentiel reproductif) pour un individu doté de cette nouveauté est inférieur au produit $r\,B$, où B est le bénéfice (gain de potentiel reproductif) d'un individu favorisé par cet altruisme, et r la « relation génétique », un coefficient qui mesure l'apparentement entre les deux individus. Ainsi l'altruisme serait d'autant plus propice à la survie du bénéficiaire que celui-ci est génétiquement apparenté à l'altruiste ; plus fort est l'apparentement, moindre est le coût reproductif de l'altruisme.

Cette théorie acquiert une notoriété au fil de vérifications effectuées notamment chez des sociétés animales spectaculaires, comme celles des hyménoptères (fourmis, abeilles, guêpes, etc.). Chez ces insectes, l'apparentement des sœurs est très élevé, alors que celui des frères est faible : la sélection naturelle y a clairement favorisé la coopération des femelles.

UNE ENTRAIDE FAMILIALE

Le rôle de la coopération dans l'évolution a fait couler beaucoup d'encre bien avant 1964. Charles Darwin s'interrogeait déjà sur lui en 1871 : si, par la sélection naturelle, un individu qui génère plus de descendants que la moyenne contribue plus que la moyenne aux adaptations futures de l'espèce, pourquoi l'évolution n'a-t-elle pas conduit à une grande majorité d'espèces dont les membres se reproduisent de façon effrénée ? Comment quelque primate ancêtre de l'Homme a-t-il acquis des « instincts sociaux » ? À la Belle Époque, deux livres furent au cœur des débats sur le « darwinisme social » : le géographe et anarchiste russe Pierre Kropotkine écrivit en 1902 *L'entraide, un facteur de l'évolution*, auquel le physiologiste français Félix Le Dantec répliqua en 1911 par *L'égoïsme, seule base de toute société*.

Les conceptions pré-mendéliennes firent l'erreur de considérer qu'un individu « transmet ses caractères à ses descendants », comme si ses traits se diluaient au fil des générations : les lois de Mendel montrent, au contraire, que les supports de l'hérédité (les gènes) restent intègres. Un parent ne se « reproduit » pas par son descendant : il lui transmet la moitié de ses gènes. Son apparentement avec lui vaut un demi, comme avec un frère ou une sœur ; il est d'un quart avec une demi-sœur, un neveu ou une tante, d'un huitième avec un cousin, etc. Chaque individu est ainsi environné d'apparentés, outre sa propre descendance, qui lui offrent un moyen d'augmenter, par l'altruisme, la fréquence de ses gènes dans la population.

Alors que le darwinisme classique ne voyait la transmission des caractères que par la descendance, une nouvelle approche, que l'Américain Edward Wilson en 1975 nommera « sociobiologie », ne voit dans les soins parentaux qu'un cas particulier – mais le plus fréquent – de comportement altruiste, qui bénéficie à des apparentés particuliers.

Selon E. Wilson, toutes les sociétés de mammifères, comme celles de babouins (ci-dessus) ou comme la société humaine, sont issues des mêmes mécanismes évolutifs.

Si la théorie de Hamilton reste aujourd'hui incontestée (elle a notamment été étayée chez d'autres familles d'espèces que celles des hyménoptères : pucerons, rats-taupes nus, etc.), celle de Wilson continue en revanche d'alimenter des polémiques en suggérant que la plupart des comportements sociaux de l'Homme sont génétiquement déterminés.

Michel VEUILLE

En complément

- *Le gène égoïste,* Richard Dawkins (Mengès, 1978).
- *Sociobiology, the New Synthesis,* Edward O. Wilson (Belknap Press, 1975).
- *La sociobiologie,* Michel Veuille (Puf, coll. « Que-sais-je ? », 1986).
- *La fourmi et le sociobiologiste,* Pierre Jaisson (Odile Jacob, 1993).

1964

L'ARCHÉOLOGIE ÉLARGIE

Le Français André Leroi-Gourhan lance la « fouille ethnographique » et joue un rôle majeur dans l'essor de l'analyse spatiale en archéologie.

André Leroi-Gourhan sur le site de Pincevent (Seine-et-Marne).

La principale préoccupation des archéologues a longtemps été de dater les vestiges exhumés afin d'établir des cadres chronologiques de plus en plus fins. La chronologie s'est d'abord appuyée sur une classification typologique de l'outillage et de la faune, et seul l'empilement des dépôts sédimentaires pouvait indiquer l'ancienneté de ce qu'ils recélaient. Pour les périodes récentes, on opérait des recoupements avec les objets provenant de civilisations pour lesquelles on disposait de calendriers.

À partir de 1950, la datation par le carbone 14 permet d'obtenir des dates absolues, ce qui relègue en partie la question de la chronologie au second plan, du moins pour les périodes postérieures à -40 000 ans. Alors qu'on se souciait surtout, jusque-là, de dégager des coupes stratigraphiques verticales, afin de situer dans le temps les dépôts sédimentaires successifs, on s'attache désormais à étudier aussi les vestiges dans l'espace horizontal de chacun de ces dépôts. On peut dès lors se donner une idée d'ensemble de chacune des époques successives où le site a été occupé. C'est là un véritable programme ethnographique, dont André Leroi-Gourhan devient l'un des principaux instigateurs.

DES RECONSTITUTIONS DE GESTES

Préhistorien mais ethnologue de formation, A. Leroi-Gourhan théorise dès 1950 cette approche, influencé par les préhistoriens soviétiques des années trente, mais il ne l'expérimente qu'en 1964. La fouille qu'il entreprend alors à Pincevent, en Seine-et-Marne, reste un modèle du genre. Grâce à l'analyse de la répartition des vestiges au sol, dégagés par décapage horizontal, il met en évidence des micro-événements tels que le partage d'un renne entre plusieurs tentes d'un campement ou le déplacement d'un tailleur de silex d'une tente à l'autre.

Deux ans plus tôt, il mettait au point, lors du sauvetage de l'hypogée des Mournouards, dans la Marne, une méthode d'analyse minutieuse de l'agencement du monument et de la position des ossements, afin de retrouver les gestes funéraires. Il fondait ainsi à la fois l'archéologie funéraire et « l'analyse taphonomique » qui vise à comprendre les bouleversements d'origine naturelle ou anthropique subis par les vestiges après leur enfouissement.

A. Leroi-Gourhan applique son approche à l'art pariétal. Dans la *Préhistoire de l'art occidental* (1965), il analyse la position des espèces animales représentées dans les 62 grottes ornées connues à l'époque. Il note des récurrences dans la localisation des espèces animales et en conclut que les figures n'étaient pas disposées au hasard sur les parois. Leur emplacement répondait à une organisation spatiale précise. Même si des découvertes récentes, comme celles de la grotte Chauvet, en Ardèche, obligent à nuancer ses conclusions, l'approche qu'il a proposée est aujourd'hui devenue la règle : l'étude d'un site orné passe nécessairement par celle de la disposition des figures dans l'espace.

DE NOUVELLES MÉTHODES D'ANALYSE

Cette approche spatiale et synthétique est alors dans l'air du temps. En 1960, Roger Agache, dans la Somme, et Raymond Chevallier, dans l'Aisne, inventent la prospection aérienne : des anomalies de terrain uniquement visibles en altitude et sous certaines conditions d'éclairage révèlent des structures enfouies. Le carroyage, sorte de quadrillage qui permet de relever la position exacte des vestiges lors de la fouille, se généralise. Si la photogrammétrie, qui vise à restituer l'image en relief, existe depuis le XIXe siècle, ses applications se multiplient : en 1964, l'Américain George Bass l'utilise pour la première fois en milieu subaquatique, au sud de la Turquie, sur une épave de l'Âge du Bronze puis sur une épave byzantine du VIIe siècle.

L'archéologie traditionnelle met au point, elle aussi, dès les années 1950, de nouveaux outils d'analyse. François Bordes propose le premier l'établissement d'indices et de listes types, suivi en 1966 par Georges Laplace (inventeur de la « typologie analytique ») et par A. Leroi-Gourhan (celui de la « morphologie descriptive »). Ces méthodes visent essentiellement à rationaliser la typologie des outils en pierre taillée en normalisant les critères de description et en ayant largement recours à la statistique.

Vue aérienne de traces d'enclos funéraires de l'Âge du Bronze, à Noyelles-sur-Mer (Somme).

Les premières expérimentations selon des protocoles rigoureux visent à mieux comprendre les techniques préhistoriques : ce sont la taille du silex aux États-Unis et en France ou encore la construction de cabanes à la charpente en os de mammouth en Ukraine. Le concept de « chaîne opératoire », qui vise à retracer le parcours des objets depuis leur conception jusqu'à leur abandon, en passant par leur fabrication et leur utilisation, fait alors son chemin à partir de notions développées dès les années 1940 par Marcel Mauss et Marcel Maget.

UN FOISONNEMENT D'EMPRUNTS TECHNIQUES

L'observation microscopique de l'usure des tranchants des outils en silex est inventée dans les années cinquante par le chercheur soviétique Serguei Semonov. Il faut toutefois attendre la traduction en anglais de son ouvrage *Prehistoric*

Technology, en 1964, pour qu'elle se répande en Europe. Dans le même temps, les emprunts à d'autres disciplines se multiplient (analyses physico-chimiques, géologie, biologie, etc.). D'abord considérés comme de simples outils annexes, ils constituent aujourd'hui une discipline scientifique à part entière : l'archéométrie.

De nouvelles méthodes de datation (uranium-thorium, thermoluminescence, potassium-argon...) permettent de couvrir la totalité du Quaternaire. Le contexte environnemental des sites étudiés est mieux connu grâce à l'étude de la proportion des isotopes de l'oxygène, qui révolutionne la paléoclimatologie à la fin des années soixante, ou encore à la paléobotanique, notamment la palynologie (étude des pollens et des spores) qu'Arlette Leroi-Gourhan applique à la préhistoire dès 1956...

Depuis lors, de nombreuses autres techniques sont venues enrichir l'archéologie, comme l'imagerie en 3D, la paléogénétique, la biochimie ou la caractérisation des matériaux par la physique nucléaire. Pour autant, la discipline n'a pas connu de bouleversement tel que celui des années 1960, lorsqu'elle s'est ouverte à la connaissance quasi ethnographique des comportements des populations anciennes. Sa professionnalisation et son éclatement en nombreuses disciplines y sont évidemment pour beaucoup.

Sophie A. de BEAUNE

En complément

- http://histoire-cnrs.revues.org/554
- *La Préhistoire*, Sophie A. de Beaune et Antoine Balzeau (CNRS Éditions/Dargaud, coll. « Chroniques de l'Homme », 2009).
- *L'Archéologie*, Philippe Jockey (Belin, 1999, réédition Poche, 2013).

AUSSI EN 1964

Le psychiatre américain Eric Berne, fondateur de l'analyse transactionnelle, publie *Games People Play (Des jeux et des Hommes)*, qui éclaire le rôle des jeux et des stratagèmes dans les relations sociales.

La New Archaeology

Au début des années 1960, aux États-Unis, un groupe de jeunes archéologues mené par Lewis Binford se révolte contre l'archéologie traditionnelle. Dominante outre-Atlantique, celle-ci se contente de définir des « cultures archéologiques » à partir de la classification typologique des vestiges.

Un article fondateur intitulé « Archaeology as Anthropology » et publié en 1962 est suivi d'un ouvrage collectif qui fera date : *New perspectives in Archaeology*, paru en 1968. Les tenants de la New Archaeology prétendent expliquer les processus d'évolution et les changements de civilisation, d'où l'autre nom de cette archéologie parfois qualifiée de « processuelle ».

L'objectif est de donner à l'archéologie un statut épistémologique semblable à celui des sciences naturelles, d'en faire une science selon les critères de Karl Popper : appliquer la méthode hypothético-déductive et construire des modèles de portée générale dont la validité soit vérifiable sur le terrain et réfutable.

Influencés par l'écologie culturelle de Julian H. Steward, qui lie l'évolution sociale, culturelle et économique aux conditions écologiques et climatiques, les *New Archaeologists* recherchent les lois universelles qu'ils supposent être à la source des transformations progressives des sociétés.

Ce mouvement eut peu de répercussions en France, peut-être parce qu'il prônait des méthodes de fouille proches de celle de l'école de Leroi-Gourhan. Il a néanmoins contribué au développement de l'archéologie expérimentale, de l'ethnoarchéologie et de l'attention portée aux environnements passés.

LA RMN DÉMULTIPLIÉE

Un chimiste suisse transforme la résonance magnétique nucléaire en un puissant outil d'exploration des matériaux ou du corps humain.

Richard Ernst.

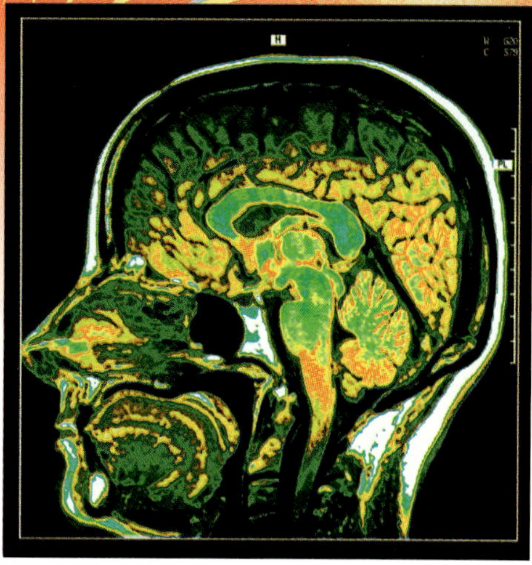

IRM de tête humaine.

La résonance magnétique nucléaire (RMN) est une technique devenue quasi incontournable pour caractériser la constitution de matériaux solides ou la dynamique de molécules en solution. Sous le nom d'imagerie par résonance magnétique (IRM), elle permet aussi d'examiner des tissus vivants sans chirurgie ni rayonnements ionisants, tels les rayons X du scanner. Ses développements ont déjà connu cinq prix Nobel.

UNE SPECTROSCOPIE D'ONDES RADIO

Lorsqu'une particule possède un spin (une grandeur quantique sans équivalent en mécanique classique) non nul, elle a un « moment magnétique » qui la rend sensible à un champ magnétique. Des chimistes et des physiciens ont cherché à utiliser cette propriété pour étudier les molécules et les matériaux. C'est dans ce but et en s'appuyant sur le travail pionnier d'Isidor Rabi, prix Nobel de physique en 1944, que l'Américain Edward Purcell et le Suisse Félix Bloch (nobélisés en 1952) introduisent la RMN en 1946, indépendamment l'un de l'autre. Cette technique consiste à envoyer sur des atomes des ondes électromagnétiques du domaine radio ; telles des petites cloches résonnant à leurs fréquences propres après avoir été frappées, leurs noyaux résonnent chacun à une fréquence caractéristique du champ magnétique local (et donc de leur environnement immédiat). Les fréquences de ces résonances sont connues grâce l'analyse du signal électromagnétique capté.

Dans leurs approches respectives, E. Purcell et F. Bloch remarquent la grande sensibilité de la technique (elle nécessite très peu d'énergie) et la longue durée des résonances (jusqu'à plusieurs secondes) ; celles-ci leur permettent de distinguer les états chimiques d'un même atome par leurs résonances différentes et de mettre en évidence les couplages chimiques ou la grande proximité (couplage dipolaire) de certains noyaux. La RMN devient ainsi un outil de caractérisation que l'on peut rapprocher de l'analyse dans le temps du son d'une guitare dont on gratterait les cordes l'une après l'autre pour connaître ses fréquences caractéristiques (son « spectre sonore »).

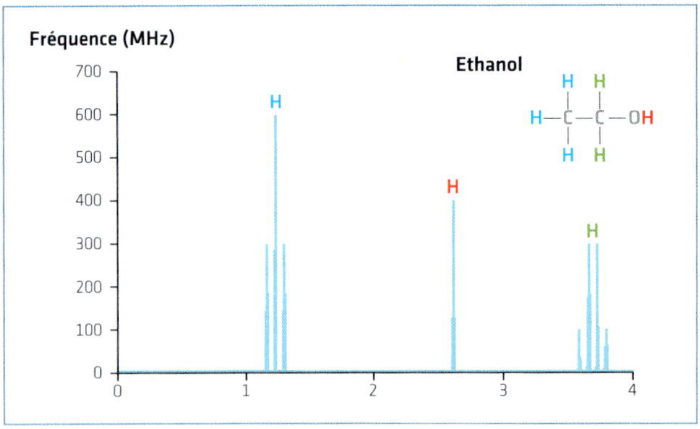

Résonances de l'hydrogène dans l'éthanol. F. Bloch et E. Purcell ont remarqué que les atomes d'hydrogène ont différentes fréquences de résonance qui dépendent de leurs positions respectives au sein d'une molécule.

Pour obtenir un spectre, il faut explorer le matériau fréquence par fréquence, ce qui fait de cette « RMN en onde continue » une méthode peu puissante car très lente. En 1964, le chimiste suisse Richard Ernst a l'idée d'exploiter les méthodes de traitement du signal et les capacités nouvelles de l'informatique : en dotant la RMN d'une analyse dite « par transformée de Fourier », une fonction qui fait passer de l'espace des temps à celui des fréquences, il montre qu'il est possible de traiter globalement le signal temporel d'une seule impulsion électromagnétique (comme un unique accord de guitare, en reprenant l'analogie précédente) pour obtenir d'emblée le spectre fréquentiel de l'ensemble du matériau étudié[1]. Le gain de puissance est phénoménal.

ANECDOTIQUE ET POURTANT RÉVOLUTIONNAIRE

D'abord refusé car jugé anecdotique, peu original et inapplicable, l'article de R. Ernst rapportant ses travaux est publié fin 1965. Il faut toutefois attendre plusieurs années pour que sa méthode soit mise en œuvre. Les opérations de digitalisation, de transfert sur des cartes perforées et de traitement du spectre par ordinateur sont alors complexes et longues ; elles sont aujourd'hui effectuées en une fraction de seconde.

R. Ernst a ainsi ouvert la voie à des développements qui font de la RMN un outil puissant et versatile. Il obtiendra pour cela le prix Nobel de chimie en 1991[2]. En particulier, les moyens de description de la structure et du fonctionnement de macromolécules telles que des protéines sont grandement améliorés, notamment par Kurt Wüthrich, compatriote de R. Ernst et lauréat du même prix en 2002.

La spectroscopie d'un système placé dans un champ électromagnétique homogène n'est que l'une des applications de la RMN. Si l'on soumet un échantillon à un champ dont l'intensité varie avec la position, alors la fréquence d'une résonance produite indique son lieu d'émission. C'est à partir de ce principe, dû à l'Américain Paul Lauterbur au début des années 1970 et sur lequel est fondée l'IRM, que l'Anglais Peter Mansfield ébauchera l'IRM dite fonctionnelle (sa rapidité d'acquisition d'image permet de visualiser l'activité d'un organe). Les deux hommes partageront le prix Nobel de physiologie et de médecine en 2003.

La sensibilité et la résolution de la RMN continuent d'être améliorées ; nul doute que des applications étonnantes sont encore à venir.

Dominique MASSIOT

En complément

www.cea.fr/content/download/5424/35432/file/p056_60_Desvaux.pdf

1. *Cf. The Success Story of Fourier Transformation in NMR*, Richard R. Ernst, in: eMagRes (onlinelibrary.wiley.com, 1999-2013)

2. *Cf.* www.nobelprize.org/nobel_prizes/chemistry/laureates/1991/

1965

LES LANGES DE L'UNIVERS

Deux physiciens américains viennent de découvrir le « rayonnement fossile de l'Univers » dont l'existence fut imaginée en 1948 à partir de calculs audacieux. L'idée du Big Bang est enfin étayée par l'observation !

L'antenne de Holmdel en 1962.

Trois chemins scientifiques se croisent au cours des années 1960. De leur rencontre naît une nouvelle vision de la naissance du monde. Une discipline restée jusqu'alors à cheval entre religion et spéculations mathématiques devient une science à part entière grâce à la découverte et l'étude du rayonnement cosmologique du fond du ciel.

LE SIGNE D'UNE EXPANSION

Le premier chemin est tracé dans les années 1920 par les travaux de l'Américain Edwin Hubble et ses collaborateurs, portant sur les déplacements des galaxies. L'analyse de leur lumière par spectroscopie a montré que ces objets groupés en amas tendent à s'éloigner de la Terre, et cela d'autant plus vite qu'ils en sont loin. À moins d'admettre que la lumière varie avec la distance parcourue dans le vide (une idée déplaisante car complètement *ad hoc*) ou, pire, que les galaxies fuient un centre cosmique où se trouverait la Terre, cette relation connue sous le nom de « loi de Hubble » indique que les grandes structures de l'Univers s'écartent les unes des autres : l'espace entier se dilate.

DES FUSIONS CALCULÉES

Le deuxième chemin est né de l'étude de la composition matérielle de l'Univers. Dans la première moitié du XXe siècle, l'analyse de la lumière des étoiles et de la matière interstellaire a montré que l'hydrogène est l'élément le plus abondant, loin devant l'hélium ; l'abondance des autres éléments diminue *grosso modo* à mesure que la masse atomique augmente, ce qui suggère qu'ils soient produits dans les étoiles. En effet, au cours de la même période, la physique nucléaire a révélé que tout élément peut être synthétisé à partir d'éléments de masse inférieure pourvu que la température et la densité de matière soient suffisamment élevées, une condition réalisée au cœur des étoiles ; les éléments ainsi produits sont dispersés dans l'espace à la mort de chaque étoile.

Il apparaît là un problème : si les éléments les plus légers constituaient la « matière première » d'une synthèse exclusivement stellaire, ils devraient être présents en proportions bien moindres que les abondances actuellement observées. De cette incohérence naît l'idée d'un autre scénario : la loi de Hubble suggère que l'Univers fut jadis plus compact, donc plus chaud ; sa composition proviendrait d'une époque lointaine où régnaient partout des conditions assez extrêmes pour provoquer la fusion de noyaux atomiques, et les « petits fours à fusion » que sont les étoiles auraient peu modifié la composition « préstellaire » du cosmos.

Dans les années 1940, aux États-Unis, George Gamow ébauche une théorie qui décrit de façon minimaliste la genèse de cette composition à partir d'un « élément primitif », qu'il identifie au neutron. Le neutron isolé est une particule instable : il se désintègre au bout de quinze minutes en un proton, un électron et un neutrino ; aussi la création des éléments par fusions de neutrons, de protons et d'électrons doit-elle s'accomplir pendant cette durée. G. Gamow remarque que les conditions physiques imposées par ce scénario sont

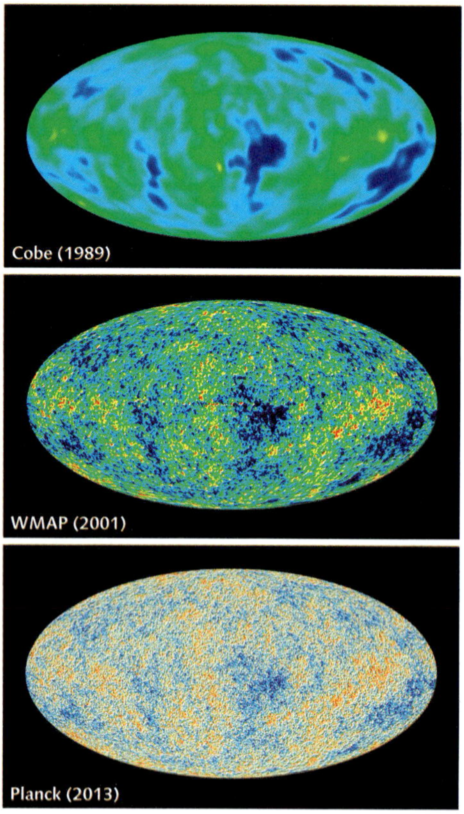

Cartes du rayonnement de fond cosmologique. Sur ces images obtenues par les satellites *Cobe* (Cosmic Microwave Background Explorer), *WMAP* (Wilkinson Microwave Anisotropy Probe) et *Planck* (ainsi nommé en honneur de Max Planck, l'un des fondateurs de la thermodynamique moderne et de la mécanique quantique), les couleurs indiquent les écarts de température à la valeur moyenne du rayonnement CMB (près de 2,73 K). Celles de *Cobe* proviennent d'un effet dû à la rotation de la Terre ; celles de *WMAP* et de *Planck* témoignent de la distribution de la densité de matière dans les premières années de l'Univers. Cette hétérogénéité sera amplifiée par la gravitation pour aboutir aux structures cosmiques actuelles, incluant les galaxies et leurs amas.

calculables. Il confie l'évaluation à deux jeunes chercheurs, Ralph Alpher et Robert Hermann. Les résultats, obtenus à l'aide de règles de calcul et de calculatrices mécano-électriques, sont publiés en 1948 dans un article signé Alpher,

Amas de galaxies photographié en 2012 par le télescope spatial *Hubble*.

Bethe, Gamow (Hans Bethe est le « patriarche » de la physique nucléaire) et surnommé « Alpha Bêta Gamma ». Ils donnent une estimation des proportions des éléments ainsi créés ; pour tous ceux qui sont plus légers que le mercure, elles correspondent à très peu près aux abondances observées dans l'Univers !

L'approche de Gamow, qui sera amendée (sauf l'idée d'un cosmos initialement très dense, qui ne sera pas mise en défaut), suscite une autre hypothèse : la fusion initiale a dû laisser une trace, celle d'un rayonnement très chaud qui se serait progressivement refroidi, dilué par l'expansion cosmique. Les nouveaux calculs faits par R. Alpher et R. Hermann en 1948 étayent cette idée en indiquant que le rayonnement est pareil à celui d'une enceinte chauffée à près de 50 kelvins (degrés au-dessus du zéro absolu). Si l'on observait ce « rayonnement fossile », nommé CMB (pour *Cosmic Microwave Background radiation*), preuve serait faite que l'Univers est né dans des conditions physiques extrêmes, un « Big Bang », comme le nomme par dérision l'Anglais Fred Hoyle (qui prône un tout autre modèle cosmique : une « création continue » de matière) et qu'avait esquissé le Belge George Lemaître dans les années 1920.

UN RECYCLAGE PROVIDENTIEL

Le troisième chemin n'a, à ses débuts, aucun rapport avec les phénomènes cosmiques. Durant la première moitié du XXe siècle, les communications transatlantiques ont pâti de la rotondité de la Terre. Les ondes radio se propageant de façon rectiligne, leur transmission entre l'Europe et l'Amérique nécessitait un réflecteur en haute altitude. On imagina faire jouer ce rôle aux couches atmosphériques ionisées, mais celles-ci sont trop instables ; il fut plutôt décidé de placer des sphères réfléchissantes en orbite et un ensemble d'antennes au sol.

Dès 1962, ce projet nommé Echo est dépassé par le lancement du premier satellite de télécommunications Telstar, qui offre un relais actif. Les antennes d'Echo deviennent disponibles pour la recherche scientifique. Arno Penzias et Robert Wilson sautent sur l'occasion. Ces deux spécialistes de l'amplification des signaux faibles, employés par la compagnie américaine Bell Telephones, obtiennent en 1964 l'équipement de Holmdel, dans le New Jersey, pour faire avancer la jeune discipline qu'est la radioastronomie.

L'antenne de Holmdel ne tarde pas à livrer une grande surprise : un « bruit » constant. Toute tentative pour l'éliminer échoue : refroidissement du récepteur ; nettoyage en profondeur ; variation de pointage du radiotélescope... rien n'y change, et le bruit ne semble provenir d'aucune source astronomique particulière. Les ondes détectées se présentent comme celles d'un rayonnement thermique de 10 kelvins (une valeur corrigée depuis lors à 2,73 K). A. Penzias et R. Wilson publient leur découverte en 1965 ; elle leur rapportera le prix Nobel de physique en 1978. Selon la boutade d'un collègue, *« ils avaient cherché de la merde ils ont trouvé de l'or ! »*.

L'hypothèse du Big Bang se trouve ainsi propulsée au centre de la cosmologie, tandis que le modèle de Hoyle est relégué au rang des curiosités de l'histoire.

Ludwik CELNIKIER

En complément

- *Cosmologie primordiale,* Jean-Philippe Uzan et Patrick Peter (Belin, 2005).
- *Histoire de l'astrophysique nucléaire. La naissance des atomes,* Ludwik Celnikier (Vuibert, coll. « Le miroir des sciences, 2008).
- www.youtube.com/watch?v=VxQgXclF9zQ
- http://public.planck.fr/notre-univers/rayonnement-fossile

AUSSI EN 1965

L'aspartame est découvert au sein de la firme américaine Searle. Ce produit de synthèse a un pouvoir sucrant beaucoup plus élevé et un pouvoir calorique bien moindre que le saccharose.

Une carte au millionième

Robert W. Wilson (à gauche) et Arno A. Penzias en 1978.

La découverte de Penzias et Wilson fournit très peu d'informations sur la transition entre un univers empli de rayonnements et l'univers structuré actuel. Ses suites consistent dans l'établissement de la carte céleste de la distribution du rayonnement fossile la plus détaillée possible. Ce projet est mis en œuvre d'abord à l'aide de ballons stratosphériques puis au moyen de satellites, beaucoup moins perturbés par les rayonnements de l'atmosphère terrestre.

Trois radiotélescopes spatiaux livrent ainsi une « empreinte » de l'Univers âgé de quelques centaines de milliers d'années seulement : *Cobe*, lancé en 1989, *WMAP*, en 2001, et *Planck*, en 2009, leurs résolutions d'image respectives étant de plus en plus fines (*cf.* les images p. 82). *Planck* a une résolution inférieure au dixième de degré d'arc et ses capteurs mesurent des écarts de température de l'ordre du millionième de degré Celsius !

WMAP et *Planck* montrent que le rayonnement CMB n'est pas homogène. La précision de mesure de *Planck* est suffisante pour tester différents modèles de l'évolution très précoce de l'Univers. Ceux-ci incluent des hypothèses sur l'hétérogénéité du cosmos primordial, sur la formation de la matière « normale » (protons, neutrons, électrons, etc.), sur celle la « matière noire », de nature inconnue mais qui paraît plus abondante que la matière normale, et sur « l'énergie noire », également mystérieuse mais sans laquelle l'Univers n'aurait pu subir la phase de brusque expansion que lui attribuent les modèles. Tous ces tests sont actuellement mis en œuvre.

PLUS SOLIDE QUE L'ACIER

De façon inattendue, une chimiste américaine synthétise un polymère aux caractéristiques physiques exceptionnelles. Le kevlar est né.

Stéphanie Kwolek en 1967.

Des policiers équipés de gilets pare-balles en kevlar.

Stephanie Kwolek est une fille d'immigrants polonais née en Pennsylvanie en 1923 et décédée à l'âge de 90 ans, le 18 juin 2014. Elle se destine initialement à la médecine avant de devenir chimiste. Dès 1946, elle travaille pour la société DuPont qui s'est illustrée notamment par la commercialisation du nylon en 1938.

En ce lendemain de guerre mondiale, tandis que de nombreux hommes revenus du front réintègrent leurs postes initiaux, la passion de la jeune femme pour la chimie lui permet d'obtenir et de conserver cet emploi qualifié, alors typiquement celui d'un homme. Elle le gardera durant 40 ans et déposera dix-sept brevets, dont cinq portant sur un matériau fameux : le kevlar. En 1994, elle entre au National Inventors Hall of Fame ; en 1996, elle reçoit la National Medal of Technology ; en 1997, on lui décerne la médaille Perkin de la Society of Chemical Industry (SCI), etc. Peu de femmes scientifiques recevront autant qu'elle des prix ou récompenses !

UNE CRÉATION IMPRÉVUE

Au début des années cinquante, S. Kwolek se spécialise dans la préparation de fibres polymères à basse température, entre 0 et 40 ° C, pour notamment diminuer les coûts de fabrication du nylon, le procédé classique nécessitant de dépasser les 200 ° C. En 1964, son groupe travaille à la mise au point d'une fibre légère, résistante aux hautes températures et pouvant renforcer les pneus tout en les allégeant afin d'économiser l'essence. Dans ce cadre, en utilisant l'acide sulfurique comme solvant, elle découvre les premiers cristaux liquides polymères dont les propriétés se situent entre celles des liquides et celles des solides.

En 1965, un autre essai la conduit à produire un polymère en solution opaque, alors qu'elle escomptait la formation d'une solution visqueuse et transparente. Il s'agit d'une aramide, la poly-para-phénylènetéréphtalamide ou PPD-T.

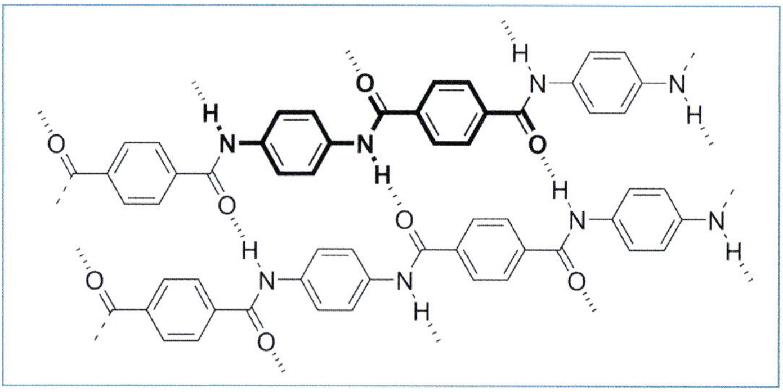

Molécule de PPD-T.
Les chimistes expliquent la solidité du kevlar par des multiples liaisons hydrogène (ici en pointillé) qui s'établissent entre les molécules de PPD-T. Ce type de liaisons est moins solide que les liaisons covalentes (en trait plein) mais leur grand nombre confère une cohésion forte à certains édifices macromoléculaires tels que l'ADN.

Au lieu d'écarter ce produit, elle insiste pour qu'il soit filé. Elle examine la fibre résultante et observe des propriétés remarquables, dont une très grande résistance à la traction. Il reste à mettre au point un procédé de fabrication rentable ; c'est bientôt chose faite par son collègue Herbert Blades, en remplaçant d'abord l'acide sulfurique par l'hexaméthylphosphoramide puis par une solution de N-méthyl-pyrrolidone et de chlorure de calcium.

Le Kevlar®, nom commercial donné à cette fibre synthétique, résiste à une température de 400 °C et se montre à la fois plus solide et plus léger que l'acier, matériau emblématique de la seconde révolution industrielle. Comme de nombreux médicaments, les édulcorants de synthèse et bien d'autres inventions encore, il est un exemple de « sérendipité », une découverte accidentelle mais non totalement due au hasard : en l'occurrence, un travail savant et la curiosité en sont aussi à l'origine.

UN MATÉRIAU EMBLÉMATIQUE DES « TRENTE GLORIEUSES »

Depuis sa commercialisation par DuPont, en 1971, le kevlar est utilisé dans plus de 200 applications : renforcement de câbles ou de coques de bateaux, fabrication de pièces d'avion, de freins, de cordes, de gants anticoupure, de cadres de vélos et d'autres matériels de sport... Il sert aussi de substitut de l'amiante mais il est plus connu pour avoir remplacé l'acier dans les gilets pare-balles, augmentant de ce fait leurs performances.

Le kevlar est typique de ces nouveaux matériaux high-tech à base de polymères, dont les propriétés surpassent celles des métaux traditionnels et suscitent un large engouement dans les années cinquante et soixante. Pour autant, l'adoption par le grand public d'un produit dit artificiel ne se fait pas naturellement ! Et cela d'autant moins que les concurrents sont nombreux. C'est à grands coups de marketing, présentant ce matériau comme ayant sauvé la vie de milliers de policiers, que DuPont « naturalise » le kevlar en parvenant à l'intégrer au vaste monde des produits de consommation. Mais cette « chimiosphère » n'est pas sans risques, et la méfiance rattrape l'engouement : l'écologie politique naît dans le même temps. Depuis une vingtaine d'années, chimistes et industriels développent la « chimie verte », qui vise à minimiser les quantités de produits toxiques diffusés dans l'environnement, et la « chimie douce », qui tend à réduire la consommation d'énergie en s'appuyant sur des processus de transformation naturels.

Sacha TOMIC

En complément

- *Faut-il avoir peur de la chimie ?*, Bernadette Bensaude-Vincent (Les Empêcheurs de penser en rond, 2005)
- http://culturesciences.chimie.ens.fr/node/1303

UN CHOC MARTIEN

La sonde *Mariner 4* fournit les premières images rapprochées de la Planète rouge. Cratères, déserts, poussière… un monde hostile et sans trace de vie !

Mars photographiée par la sonde *Mars Global Surveyor* en 1999.

À la fin du XIXe siècle, l'Italien Giovanni Schiaparelli et d'autres astronomes cartographièrent les canaux qu'ils croyaient avoir aperçu sur Mars au moyen de télescopes, tandis que la présence d'eau dans l'atmosphère martienne était débattue depuis plusieurs années à partir de mesures spectroscopiques (qui se sont révélées fausses par la suite). L'idée d'une planète Mars habitée s'en trouva renforcée.

En 1947, il fut annoncé que la teneur en dioxyde de carbone de l'atmosphère martienne était deux fois supérieure à celle de la Terre… rien qui pût arrêter l'irruption d'une vague de Martiens dans la littérature et le cinéma. De toute façon, il était bientôt l'heure d'aller voir la Planète rouge de près.

UN SUCCÈS LONG À VENIR

L'exploration *in situ* de Mars débute en 1960, en pleine compétition entre Soviétiques et Américains. Vénus est également ciblée.

Certes, l'exploration du Système solaire est une affaire de suprématie technologique, mais elle n'en est pas moins motivée par des objectifs scientifiques. Selon le programme Biosciences lancé par la jeune National Aeronautics and Space Administration (Nasa), il s'agit notamment d'évaluer les « conditions d'habitabilité » des planètes et d'analyser à distance des environnements susceptibles d'abriter la vie. Située en moyenne à 228 millions de kilomètres du Soleil, Mars suscite le plus grand intérêt : on sait que les températures et pressions atmosphériques y sont plus clémentes que sur Vénus.

Des sondes interplanétaires sont construites à l'Est comme à l'Ouest. Les Soviétiques lancent *Marsnik 1* et *Marsnik 2* en 1960, mais toutes les deux sont détruites en vol, puis toute la série de sondes *Mars* échoue pour diverses raisons techniques. De leur côté, les États-Unis démarrent le programme Mariner. En 1962, *Mariner 1* décolle vers Vénus avant d'exploser, puis *Mariner 2* assure la première « victoire

La sonde *Mariner 4*, qui pesait 260 kilos.

spatiale » américaine face à l'URSS : elle est la première à passer près de Vénus en gardant le contact (c'est néanmoins une sonde soviétique, *Venera 4*, qui pénètrera dans l'atmosphère vénusienne en 1967 en parvenant à transmettre des données). *Mariner 3* est envoyée vers Mars en 1964 mais reste rivée au dernier étage de son lanceur. *Mariner 4* est lancée quelques jours plus tard, le 28 novembre. Le surlendemain, c'est au tour de la sonde soviétique *Zond 2* de décoller, avec le même objectif de survoler Mars, mais la « malédiction martienne » frappe de nouveau : le contact avec *Zond 2* est perdu. Enfin, le 14 juillet, *Mariner 4* passe à 9 844 kilomètres de Mars, indemne, après un voyage de plus de cent millions de kilomètres.

Belle et triste à la fois

Mariner 4 a trois objectifs : observer les particules du milieu interplanétaire et mesurer le champ magnétique martien ; fournir des photographies de la surface et du relief de Mars, à partir desquelles on puisse déduire des caractéristiques géologiques et atmosphériques ; tester des techniques utiles aux futures missions en matière de communication, d'alimentation en énergie, de contrôle à distance, etc.

Une expérience est décidée durant la mission : l'occultation des ondes émises par la sonde lors de son passage derrière l'atmosphère martienne permet d'en mesurer l'épaisseur et la densité. La pression au sol est évaluée entre 4 et 7 millibars[1] (contre 1 013 sur Terre).

Mariner 4 photographie 1 % de la surface par vingt-deux clichés, avec une résolution de 3 kilomètres par pixel. Contrairement aux attentes, le paysage se révèle quasi lunaire, criblé de cratères. Il n'y a ni canal ni signe de vie !

Mariner 6 confirme ces observations en 1969. Les 7 329 clichés pris par *Mariner 9* deux ans plus tard couvrent 80 % de la surface. Ils montrent des formations géologiques ressemblant à d'anciens lits de rivière. L'hypothèse d'une présence passée d'eau liquide est ainsi replacée sur le devant de la scène planétologique. *A fortiori*, la couleur rougeâtre du sol est celle de la rouille (un oxyde de fer), qui évoque l'eau. Il faut cependant attendre l'envoi des modules *Viking 1* et *Viking 2* en 1975 pour contredire définitivement la « théorie des canaux » et se convaincre tout-à-fait du caractère hostile à la vie de la surface martienne.

Un jeu de piste hydrogéologique

Avec Vénus et la Terre, Mars est située dans la « zone d'habitabilité » du Système solaire, où la chaleur provenant du Soleil, ni très faible ni très intense, peut conserver l'eau en phase liquide à la surface d'une planète. Cependant, la température dépasse rarement -5°C sur le sol martien ; l'effet de serre produit par l'atmosphère (composée à 95 % de dioxyde de carbone mais cent fois moins dense que celle de la Terre) ne suffit pas pour maintenir l'eau liquide. On a compris que cette planète est trop petite : comme elle est dix fois moins massive que la Terre, sa gravité et son champ magnétique sont trop faibles pour empêcher l'atmosphère chauffée par le Soleil de s'échapper lentement dans l'espace, et le peu de vapeur d'eau restant gèle dans les régions polaires.

1. Confirmant ainsi l'estimation faite en 1929 par l'astronome français Bernard Lyot grâce à l'étude de la lumière polarisée provenant de Mars.

Une planète fantasmatique

Dès 1890, il semble qu'une civilisation creuse sur Mars des canaux assez vastes pour être visibles depuis la Terre, tandis que la largeur de celui de Suez, récemment achevé, n'excède pas 300 mètres. Pour de nombreux auteurs de science populaire ou de science-fiction, tels Camille Flammarion (*La planète Mars et ses conditions d'habitabilité,* 1892) et Herbert G. Wells (*La guerre des mondes*, 1898), nous ne sommes pas seuls : à quelques mois de voyage interplanétaire se trouvent des êtres bien plus avancés que les Terriens – attention, ils sont probablement hostiles ! En France, dans les années 1920, un prix est proposé par l'Académie des sciences pour récompenser toute communication avec un autre monde, sauf Mars car cela serait trop facile.

Nourrie de fantasmes, la littérature transpose sur les Martiens les idéologies et les malheurs humains. Ainsi dans *Aelita*, fiction du Russe Alexei Tolstoï adaptée pour le cinéma muet en 1924, un ingénieur capte un message émis depuis Mars, gouvernée par le régime totalitaire de Tuskub qui place la classe ouvrière en hibernation... À partir de 1950, année des *Chroniques martiennes* de Ray Bradbury, une rupture intervient : la civilisation martienne est vieillissante et se trouve confrontée à la colonisation humaine. C'est alors le début de la conquête de l'espace par les Hommes... et celui des décolonisations d'ici-bas. Nous sommes désormais les égaux technologiques des Martiens ; nous pouvons même les sauver, comme ces cosmonautes soviétiques du film *Au-devant du rêve* (1963), partis à la rescousse d'extraterrestres naufragés sur Phobos, une petite lune de Mars. Les données scientifiques contribuent à ce revirement en attisant les doutes sur la qualité de « l'air » martien... mais l'on s'imaginera capables de rendre l'atmosphère de Mars respirable, ainsi que Paul Verhoeven le mettra en scène dans le film *Total Recall* (1990) et que Kim Stanley Robinson l'imaginera dans sa trilogie littéraire *Red Mars* (1993), *Green Mars* (1994), *Blue Mars* (1996).

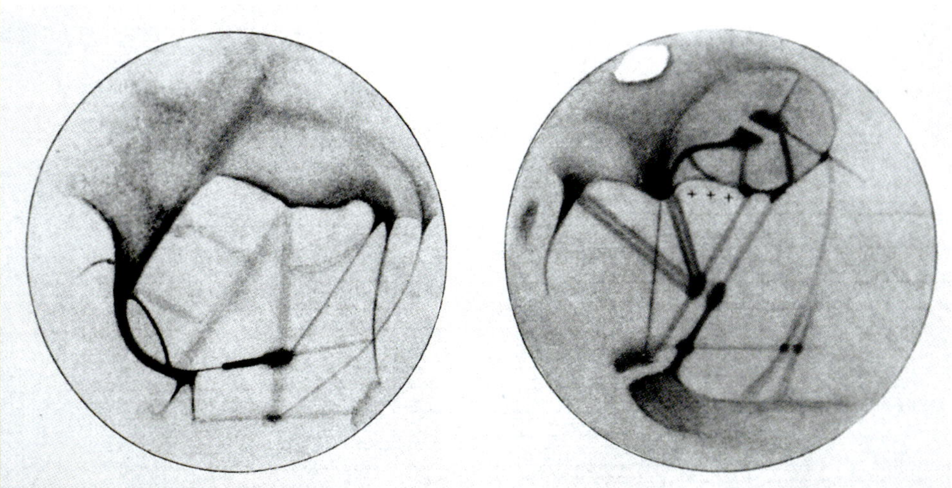

Illustrations des « canaux martiens » par Giovanni Schiaparelli en 1890.

Réseau de vallées martiennes photographié par la sonde *Mars Reconnaissance Orbiter*.

Pour autant, la quête d'eau sur Mars n'a jamais cessé, réitérée par de nombreuses missions après celle de *Mariner 4*. Parmi les plus récentes, l'orbiteur européen *Mars Express* et les rovers *Spirit*, *Opportunity* et *Curiosity* cartographient la Planète rouge à la recherche de vallées, de deltas et de bassins argileux pouvant témoigner d'une ancienne présence d'eau. Ces robots révèleront peut-être des événements insoupçonnés.

Mars a probablement connu un climat chaud et humide il y a plus de 3,7 milliards d'années, mais sa faible taille et une collision avec un corps céleste énorme ont empêché celui-ci de perdurer. C'est une planète sans doute habitable devenue non habitable.

Vincent MINIER

En complément

- *La planète Mars. Histoire d'un autre monde*, François Forget, François Costard et Philippe Lognonné (Belin, 2e édition, 2006).
- http://nssdc.gsfc.nasa.gov/nmc/spacecraftDisplay.do?id=1964-077A
- http://solarsystem.nasa.gov/planets/profile.cfm?Object=Mars

AUSSI EN 1965

- Le prix Nobel physique est décerné au Japonais Sin-Itiro Tomonaga et aux Américains Richard Feynman et Julian Schwinger pour leur achèvement de la théorie moderne de l'interaction électromagnétique, renommée « électrodynamique quantique et relativiste ».
- L'informaticien azéri Lotfi Zadeh développe la logique floue, qui étend la logique à des raisonnements et des ensembles approchés et qui connaît de nombreuses applications, en particulier en automatique.

1966

DES MATHS MODERNISÉES

Un mathématicien apatride est récompensé par la médaille Fields pour sa refonte de la géométrie algébrique. Son œuvre apparaît comme à la fois héritière et inspiratrice du mouvement de pensée structuraliste.

Alexandre Grothendieck en 1951.

Alexandre Grothendieck n'a pas laissé son nom à des théorèmes connus de tous. Il compte pourtant parmi les grands mathématiciens du XXe siècle, de par son impact sur sa discipline, son intuition et sa puissance de travail qui lui valurent d'être intégré dans l'élite mathématique dès l'âge de vingt ans, ainsi que par sa personnalité qui l'en fit sortir.

UN TALENT MIS À PROFIT

Né à Berlin en 1928 d'un père ukrainien, juif et militant anarchiste, et d'une mère allemande de même sensibilité politique, A. Grothendieck se retrouve adolescent apatride en France à la suite des persécutions nazies et des vicissitudes de la Seconde Guerre mondiale. Son génie mathématique se manifeste dès son admission à l'Université de Montpellier : il suit peu les cours et travaille seul à répondre à ses propres questionnements sur les concepts de longueur, de surface et de volume. Il redécouvre ainsi l'intégrale de Lebesgue, une théorie élaborée vers 1900, plus générale et plus puissante que les précédentes théories de la mesure.

En 1948, il décide de poursuivre ses études à Paris, où il rencontre Henri Cartan. Ce mathématicien éminent l'admet dans le séminaire réputé qu'il tient à l'École normale supérieure et fréquenté par les meilleurs mathématiciens français, puis lui conseille d'aller faire sa thèse de doctorat à Nancy, auprès des brillants Jean Dieudonné et Laurent Schwartz. Le jeune homme montre à ses aînés des talents exceptionnels. Il écrit six articles de haute tenue et choisit l'un d'eux (« Produits tensoriels topologiques et

Réunion fondatrice du groupe Nicolas Bourbaki à Besse-en-Chandesse, en 1935. De gauche à droite, debout, Henri Cartan, René de Possel, Jean Dieudonné, André Weil, Luc Olivier et, assis, Mirles, Claude Chevalley et Slozem Mandelbrojt.

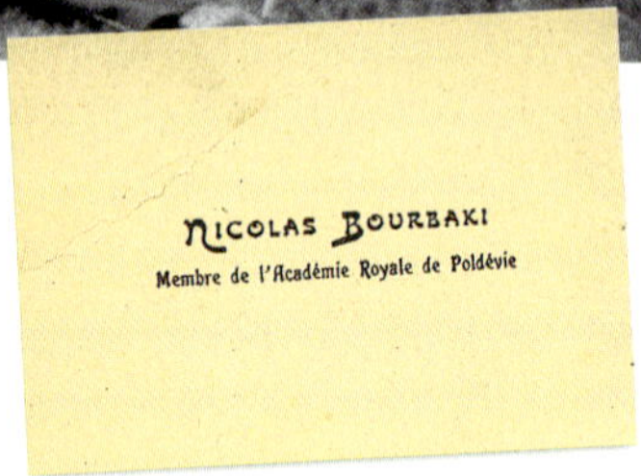

espaces nucléaires ») pour soutenir sa thèse. Ses mentors, impressionnés, le font entrer dans le groupe Nicolas Bourbaki (voir p. 93). Constitué en 1935 à l'initiative d'André Weil (le frère de la philosophe Simone Weil), de H. Cartan et de quelques-uns de leurs amis contrariés par le caractère désuet et peu cohérent des mathématiques enseignées dans les universités françaises, ce collectif s'est donné pour objectif de rédiger un traité d'analyse moderne.

LA GÉNÉRALISATION COMME LEITMOTIV

A. Grothendieck ne peut obtenir un poste stable à cause de son statut d'apatride. Il refuse cependant la naturalisation, parce que celle-ci exige de faire un service militaire, et part en 1953 séjourner au Brésil puis aux États-Unis, en tant que chercheur invité. Il revient en France en 1956, plein d'idées nouvelles. Quelques mois plus tard, l'industriel Léon Motchane, mathématicien et mécène, fonde l'Institut des hautes études scientifiques (IHÉS) à Bures-sur-Yvette, au sud de Paris. A. Grothendieck et J. Dieudonné sont les deux premiers professeurs permanents de cet institut consacré à la recherche de pointe en mathématiques et en physique théorique, qui devient rapidement un « temple » dans ces deux domaines, grâce à l'excellence de ses membres et de ses invités.

C'est à l'IHÉS, dans les années soixante, que A. Grothendieck est le plus productif. Il y poursuit un travail commencé dès 1950, en géométrie algébrique, discipline d'étude des objets géométriques définis par des équations polynomiales (par exemple $x^2 + 3xy + 5y^2 = 0$, qui représente une ellipse dans le plan) et nommés « variétés algébriques ». Avec l'assistance de J. Dieudonné,

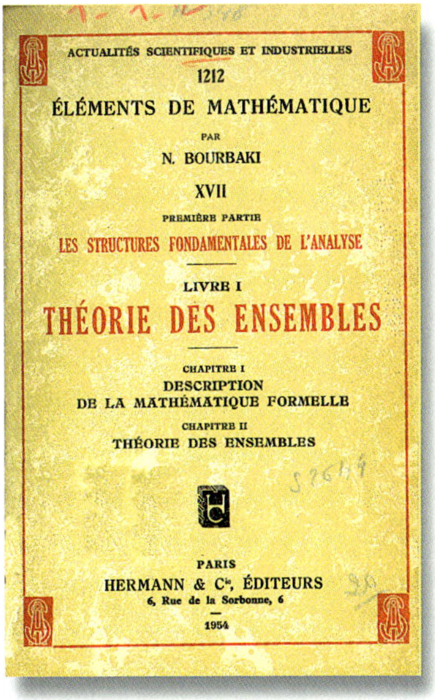
ACTUALITÉS SCIENTIFIQUES ET INDUSTRIELLES
1212
ÉLÉMENTS DE MATHÉMATIQUE
PAR
N. BOURBAKI
XVII
PREMIÈRE PARTIE
LES STRUCTURES FONDAMENTALES DE L'ANALYSE
LIVRE I
THÉORIE DES ENSEMBLES
CHAPITRE I
DESCRIPTION
DE LA MATHÉMATIQUE FORMELLE
CHAPITRE II
THÉORIE DES ENSEMBLES
PARIS
HERMANN & Cie, ÉDITEURS
6, Rue de la Sorbonne, 6
1954

Le premier volume de la *Théorie des ensembles*, de Nicolas Bourbaki.

il rédige 1 500 pages des *Éléments de géométrie algébrique*, une œuvre inachevée mais qui, avec les notes du séminaire de géométrie algébrique qu'il tient à l'IHÉS, n'en constitue pas moins un monument.

Cet édifice théorique révolutionnaire livre une description très générale des variétés algébriques dans le but d'accéder facilement à leurs propriétés. Les objets abstraits et les généralisations, conçus au sein de la « théorie des catégories » en grande partie développée par A. Grothendieck, ont des noms étranges pour les non-initiés : « schémas », « topos », « motifs », « cohomologie étale », etc. Ils ouvrent notamment la voie à la démonstration des « conjectures de Weil », portant sur le nombre de points que contient une variété algébrique définie à partir d'un « corps » (ensemble particulier de nombres, tel celui des rationnels ou celui des réels, par exemple). Ils font aujourd'hui partie intégrante du bagage de tous les chercheurs spécialisés en géométrie algébrique.

Bourbaki et le structuralisme

Le groupe Nicolas Bourbaki, du nom d'un mathématicien imaginaire, fonctionnait telle une société secrète : sa composition (une douzaine de membres cooptés qui devaient laisser la place dès l'âge de 50 ans) et le détail de ses activités n'était pas divulgué. Entre 1940 et 1980, il a publié plusieurs volumes d'un traité resté inachevé et intitulé *Éléments de mathématique*. Ses auteurs ont reformulé les mathématiques à partir de leurs fondements, avec une terminologie cohérente et des notations soigneusement choisies. On leur doit par exemple la notation Ø pour l'ensemble vide, les termes *injection*, *surjection* et *bijection* qui caractérisent les applications d'un ensemble dans un autre, la distinction entre boule (un volume) et sphère (la surface frontière de la boule)… Grâce à ce traité et à ses personnalités (H. Cartan, L. Schwartz, A. Weil, A. Grothendieck, C. Chevalley, J.-P. Serre, A. Connes, etc.), Bourbaki a fortement influencé les mathématiques en France et dans le monde, promouvant l'algèbre, l'axiomatique et la hiérarchie de structures abstraites : groupe, anneau, corps, espace vectoriel, etc. Cette insistance sur la notion de structure a coïncidé avec le développement, dans d'autres domaines, de courants de pensée dits structuralistes ; elle les a peu ou prou influencés. Il s'agit notamment du structuralisme en anthropologie et du groupe littéraire Oulipo. Ainsi, dès 1943, à la suite d'une rencontre avec Claude Lévi-Strauss, A. Weil avait apporté une contribution à l'anthropologie en appliquant la théorie des groupes à un problème d'analyse combinatoire relatif aux règles de mariage d'une tribu australienne.

Bourbaki s'est essoufflé dans les années 1980, vraisemblablement submergé par le développement rapide des mathématiques dans des directions diverses. Sa seule activité encore visible est le séminaire public qui porte son nom et qui se tient trois fois l'an à Paris.

UN CARACTÈRE PLUS FORT QUE LA PASSION

A. Grothendieck est distingué par plusieurs prix prestigieux, incluant la médaille Fields (la plus haute récompense en mathématiques) en 1966 et le prix Crafoord en 1988, mais il les boude ou les refuse, pour des raisons politiques (il ne va pas chercher sa médaille Fields à Moscou en signe de protestation contre le régime soviétique) ou plus personnelles. En 1960 déjà, il est brouillé avec certains membres de Bourbaki. Malgré la reconnaissance de la communauté mathématique, il rompt avec celle-ci dès 1970 : venant d'apprendre que l'IHÉS reçoit un financement du ministère de la Défense, il en démissionne. Peu après, il fonde un groupe politique écologiste, « Survivre et vivre », puis occupe un poste de professeur à l'Université de Montpellier de 1973 jusqu'à sa retraite en 1988, tandis que Bourbaki se fait de moins en moins productif.

Depuis lors, il vit reclus dans un village des Pyrénées, dans un endroit connu seulement de quelques personnes. Il éprouve un vif ressentiment envers la société et ses compromissions, en particulier vis-à-vis de la communauté scientifique qu'il juge corrompue, notamment par les luttes de pouvoir et les attributions de postes non fondées sur le seul mérite scientifique, et qu'il accuse d'avoir mal compris son œuvre.

L'épilogue est triste pour les mathématiques ; il semble l'être aussi pour l'un de leurs grands serviteurs.

Maurice MASHAAL

En complément

- « Alexandre Grothendieck », Philippe Douroux (*Images des mathématiques,* CNRS, 2012), http://images.math.cnrs.fr/Alexandre-Grothendieck.html
- *Bourbaki, une société secrète de mathématiciens*, Maurice Mashaal (Belin – Pour la Science, coll. « Les génies de la science », 2002).
- « Un pays dont on ne connaîtrait que le nom (Grothendieck et les «motifs») », Pierre Cartier, (IHÉS, 2009), www.ihes.fr/document?id=1722&id_attribute=48
- « Grothendieck : au fond des choses », Alexandre Hobeika (*Pour la Science,* n°334, 2005).

AUSSI EN 1966

Le biologiste allemand Willi Hennig publie *Phylogenetic Systematics,* un ouvrage qui révolutionne la classification phylogénétique des êtres vivants. La méthode qu'il propose exclut notamment l'absence d'un attribut (des ailes ou un squelette, par exemple) pour regrouper les organismes vivants et établir entre eux des liens de parenté.

DES FLEUVES D'INFORMATIONS

Le succès d'une transmission de signaux laser à l'intérieur d'une fibre optique ouvre l'ère des télécommunications à haut débit.

Une fontaine lumineuse.

La transmission de la lumière à l'intérieur de tubes de verre est connue depuis plusieurs siècles, notamment par les verriers de Murano, près de Venise. Elle est, par exemple, utilisée dans les fontaines lumineuses faites de tubes courbés. Un rayon lumineux étant censé voyager seulement en ligne droite, cette transmission demeura mystérieuse jusqu'au XIXe siècle. On comprit alors que la lumière peut se réfléchir totalement sur la paroi du verre qu'elle pénètre si l'indice de réfraction de ce verre est supérieur à celui du matériau extérieur.

DE L'ENDOSCOPIE AUX TÉLÉCOMMUNICATIONS

L'idée d'exploiter ce phénomène plus largement, et tout particulièrement en imagerie, apparaît dans l'Entre-deux-guerres. L'endoscope flexible, mis au point dans les années 1950, transmet convenablement une image en lumière naturelle sur quelques dizaines de centimètres. L'atténuation de la lumière sur une distance plus longue rend cependant utopique toute application aux télécommunications, dont les besoins en nouveaux moyens augmentent alors beaucoup : cette perspective n'apparaît pas dans les encyclopédies techniques de l'époque. Pour utiliser ainsi la lumière, il faudrait non seulement disposer d'un support de transmission très peu atténuant, mais aussi d'une source lumineuse puissante, de fréquence précise et facilement modulable.

La mise au point du laser[1] satisfait dès 1960 les trois dernières exigences. De plus, elle permet de produire des ondes porteuses de hautes fréquences et, par conséquent, d'augmenter considérablement le débit d'informations par rapport à celui des systèmes existants.

En 1961, l'Américain Elias Snitzer conçoit théoriquement un guide d'ondes capable de solutionner le premier problème : c'est la fibre optique. Celle-ci comporte un cœur et une gaine dont l'interface est parfaitement réfléchissante tant que l'angle d'incidence des rayons lumineux (donc la courbure de la fibre) ne dépasse pas un certain seuil, fonction de l'indice de réfraction du cœur et de celui de la gaine.

---

1. *Cf.* p. 35.

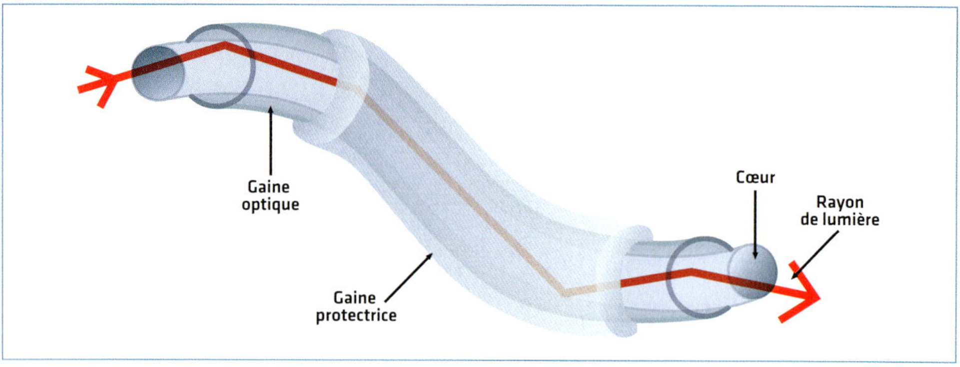

Schéma de principe d'une fibre optique.

Puis Charles Kao, qui travaille en Angleterre pour les Standard Telecommunications Laboratories, élabore en 1965 un système de communication combinant une source laser et une fibre optique. Des travaux similaires sont menés en Allemagne par Manfred Börner, au sein de la société Telefunken, mais Ch. Kao et son collègue George Hockham sont les premiers à montrer expérimentalement, en 1966, l'efficacité de leur dispositif. Ch. Kao, qui recevra le prix Nobel de physique en 2009, évoque alors la possibilité de transmettre simultanément 200 canaux de télévision ou 200 000 communications téléphoniques par une seule fibre.

LA QUÊTE DU VERRE PARFAIT

Il reste cependant à rendre le procédé exploitable en réduisant l'atténuation du signal optique et les « pertes de phase » (des pertes de cohérence des ondes qui altèrent la qualité du signal). Il faut pour cela améliorer la pureté du verre. La société américaine Corning Glass Works se distingue en 1970 par la mise en œuvre d'un nouveau procédé de fabrication. L'atténuation résultante est voisine de 20 décibels (soit un facteur 100) par kilomètre ; c'est un peu mieux que les performances obtenues par la transmission électrique dans des fils de cuivre.

Quelques années plus tard, l'industrialisation des fibres optiques est rendue possible par l'amélioration de leur qualité et de leur coût de fabrication. Leur utilisation en téléphonie publique voit le jour à Chicago en 1977. Le débit d'information atteint alors 45 mégabits par seconde.

Au début des années 2000, l'atténuation est réduite à 0,2 décibel par kilomètre, c'est-à-dire au moins mille fois la capacité du cuivre. La quantité de dispositifs d'amplification nécessaires à la réception d'un signal suffisamment puissant (les « répéteurs ») est ainsi très limitée. Le débit dépasse le gigabit par seconde et la largeur de bande passante permet réaliser un multiplexage de 30 000 canaux d'information, contre seulement 24 dans un guide métallique !

Pour autant, cette technologie ne s'est pas encore imposée dans toutes les télécommunications à haut-débit : celle de l'ADSL (*Asymmetric Digital Subscriber Line*), qui s'appuie sur les réseaux électriques et téléphoniques existants, reste globalement de coûts plus modestes dans les applications domestiques.

Michel COTTE

En complément

- http://physique.unice.fr/sem6/2006-2007/PagesWeb/Telecom/applications.html
- www.iscience.ca/fibreopt/ateliers/fibreoptiqueexplications.php

L'APPRENTISSAGE EN THÉORIE

Le psychologue suisse Jean Piaget publie *La psychologie de l'enfant*, un ouvrage qui suggère le peu d'efficacité de l'apprentissage passif alors en vigueur dans les écoles.

Dans les années 1960, le Suisse Jean Piaget est au sommet de sa carrière ; il est même mondialement connu pour sa théorie des stades de la construction de l'intelligence. Professeur à l'Université de Genève, il est aussi, entre 1952 et 1963, Professeur à la Sorbonne. Il incarne alors la nouvelle psychologie scientifique de l'enfant, qui théorise, au service de l'éducation, le développement cognitif et l'apprentissage. Sa carrière sera longue et incroyablement productive : à sa mort en 1980, il aura publié près de 700 articles ! Son premier écrit, portant sur les comportements d'un moineau, date de 1907 ; il avait alors onze ans.

LES STADES DE L'INTELLIGENCE

L'approche de J. Piaget s'inscrit dans une tradition déjà ancienne en France, initiée par Alfred Binet qui a dirigé à la Sorbonne, de 1895 à 1911, le premier laboratoire français de psychologie. Cette tradition consiste notamment à tester expérimentalement, chez des écoliers, les mécanismes supposés de leur

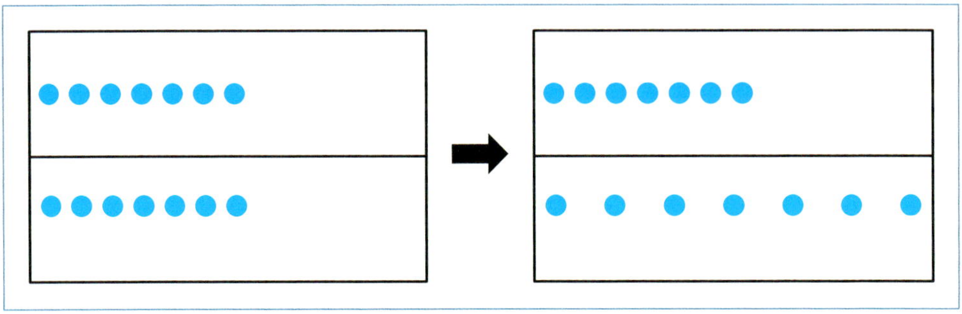

Tâche de conservation du nombre utilisée par J. Piaget pour tester les stades de l'intelligence des enfants. Après un constat d'égalité (planche de gauche), on demande à l'enfant s'il y a le même nombre de jetons au-dessus et en-dessous de la ligne noire (à droite). Avant l'âge de 7 ans, les enfants répondent « non » car ils pensent « qu'il y a plus de jetons là où c'est plus long » ; après cet âge, ils répondent « oui ». Selon J. Piaget, cette capacité nouvelle traduit le passage d'un stade perceptif intuitif ou prélogique au stade de la pensée logico-mathématique concrète, fondée sur les actions mentales d'écarter et de rapprocher les jetons.

développement intellectuel afin de mieux adapter la psychologie scolaire à la réduction des difficultés d'apprentissage. Elle a largement inspiré la psychologie du développement aux États-Unis, qui a débouché sur les méthodes d'évaluation des facultés mentales nommées « quotient intellectuel ».

C'est en 1966 que J. Piaget publie, avec sa collaboratrice et compatriote Bärbel Inhelder, une première synthèse destinée à un large public : *La psychologie de l'enfant*. Le travail du savant genevois consiste non seulement dans la conception et la réalisation de tests chez des enfants de différents âges mais aussi dans de nombreuses observations et entretiens. Il récuse aussi bien l'empirisme de John Locke et de David Hume, pour lequel toute faculté mentale provient de l'expérience par association ou habitude, que l'innéisme de René Descartes, celui d'Emmanuel Kant (et ses « formes a priori » de la sensibilité) et celui de son contemporain Noam Chomsky, qui tendent tous, au contraire, à expliquer ces facultés par des structures de pensée déterminées à la naissance.

J. Piaget propose une théorie intermédiaire, dite constructiviste : les structures intellectuelles, c'est-à-dire nos pensées et nos opérations mentales, ont une genèse qui leur est propre (« l'ontogenèse cognitive ») ; de la naissance à l'âge adulte, elles se construisent stade après stade *via* l'interaction entre l'individu et son

Jean Piaget.

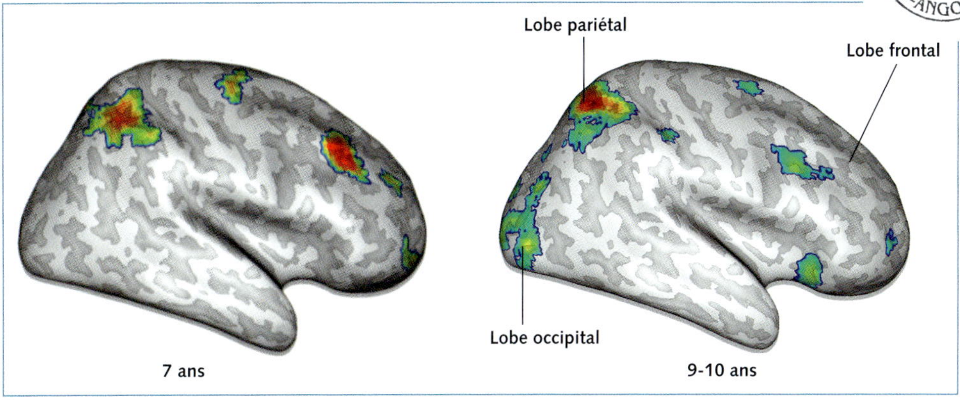

Activité corticale vue par IRMf. Chez les enfants âgés de 9 ou 10 ans, qui réussissent le test piagétien de conservation du nombre, des réseaux de neurones dédiés à l'inhibition sont activés dans le cortex pariéto-frontal. Seuls quelques enfants âgés de 7 ans ou précoces présentent une activité dans cette zone cérébrale.

environnement. Dans cette interaction, ce qui paraît capital pour J. Piaget est l'action de l'enfant sur les objets qui l'entourent : l'exploration, la manipulation, l'expérimentation… Cette conception est opposée à l'idée d'un apprentissage passif, par habitude et par association d'objets ou d'événements, qui repose presque seulement sur des capacités de mémorisation.

Quant à ces actions, J. Piaget remarque le rôle crucial de la « dynamique d'assimilation et d'accommodation ». En psychologie comme en biologie, l'assimilation est le processus par lequel un objet ou un milieu est directement appréhendé par l'organisme ; l'accommodation est celui par lequel l'organisme se modifie pour s'ajuster à l'objet, au milieu, au contexte. J. Piaget voit dans cette « dynamique psychobiologique » le moteur du développement de l'intelligence, du raisonnement et de l'abstraction logique, réalisé par autorégulations successives. Il distingue trois grands stades dans ce développement : celui de l'intelligence sensorimotrice du bébé (jusqu'à l'âge de 2 ans), fondée sur ses sens et ses actions ; celui de l'intelligence conceptuelle concrète de l'enfant, qui traite les nombres et peut catégoriser ou raisonner à partir d'objets réels ; celui de l'intelligence conceptuelle formelle, abstraite, chez l'adolescent et chez l'adulte.

DE LA THÉORIE À LA PÉDAGOGIE

À la fin des années soixante, J. Piaget cristallise ses concepts dans des applications pédagogiques, qu'il présente dans *Psychologie et pédagogie* (1969). Il ne s'agit pas de recettes précises mais plutôt de principes directeurs, dont vont rapidement s'inspirer nombres de pédagogues. Par exemple, dans l'apprentissage des nombres, ceux-ci seront présentés non plus un par un, sous des aspects hétéroclites (quantité, mot, figure, etc.), mais plutôt selon une approche ensembliste.

En schématisant, on peut dire qu'il oppose la pédagogie classique et l'art « d'apprendre à apprendre ». La première approche, qu'il relie au « pôle assimilateur » de sa théorie, favorise la transmission des connaissances et des techniques ; la seconde, liée au « pôle accommodateur », vise à faire découvrir des méthodes ou « algorithmes généraux » d'exploration, de manipulation et d'expérimentation pour résoudre des problèmes et acquérir de nouveaux savoirs. J. Piaget prône une pédagogie équilibrée entre ces deux voies, alors que l'école tend à privilégier l'assimilation, qui consiste dans une transmission à sens unique, du maître à l'élève. Il défend ainsi une « pédagogie active », et cela à la fois en tant que chercheur à la tête d'une équipe universitaire à Genève, en tant que directeur du Bureau international de l'Éducation (de 1929 à 1968) et comme membre de la Commission suisse de l'Unesco, qu'il préside durant quelques années.

DES RÉVISIONS EN COURS

John Flavell, qui a introduit la théorie piagétienne aux États-Unis à la fin des années 1960, écrit dans un hommage rendu au psychologue genevois, en 2000 : « *presque tout ce que pensent les gens aujourd'hui dans ce domaine a quelque lien avec les questions soulevées par Piaget. On peut ainsi dire que le rôle tenu par Piaget dans l'étude du développement cognitif est comparable à celui qu'a joué Noam Chomsky dans l'étude du développement linguistique : il a créé et formé un nouveau domaine d'investigation.* »

Cependant, et bien qu'elle reste une référence centrale en psychologie du développement, cette théorie fait aujourd'hui l'objet de critiques et de révisions. Il apparaît notamment que J. Piaget a sous-estimé les compétences cognitives des bébés, surestimé celle des adolescents et des adultes, négligé l'influence du milieu social et culturel sur le développement de l'enfant et ignoré le rôle des mécanismes d'inhibition.

Olivier HOUDÉ

En complément

- *La psychologie de l'enfant,* Jean Piaget et Bärbel Inhelder (Puf, coll. « Que sais-je ? », 1966).
- *Psychologie et pédagogie,* Jean Piaget (Gallimard, 1969).
- *L'esprit piagétien : hommage international à Jean Piaget,* éd. Olivier Houdé et Claire Meljac (Puf, 2000).

AUSSI EN 1966

Le Français Alfred Kastler reçoit le prix Nobel de physique notamment pour la mise au point de la technique du « pompage optique », grâce à laquelle le laser a été inventé.

Le rôle clé de l'inhibition

J. Piaget utilisait les notions d'assimilation et d'accommodation pour redéfinir la pédagogie et les algorithmes généraux à apprendre. Aujourd'hui, ces notions sont étudiées avec une précision conceptuelle accrue, en termes d'activation ou d'inhibition de stratégies de résolution de problèmes, et cela à l'aide de l'imagerie cérébrale.

L'inhibition est une forme de contrôle neurocognitif et comportemental du cortex préfrontal qui permet aux enfants de résister aux habitudes ou automatismes, aux tentations, aux distractions, et de s'adapter aux situations complexes. Le défaut d'inhibition peut expliquer certaines difficultés d'apprentissage et d'adaptation cognitive ou sociale.

Une recherche menée récemment par une équipe universitaire à Paris et à Caen a consisté à reprendre le test piagétien de « conservation du nombre » en recourant à l'imagerie par résonance magnétique fonctionnelle (IRMf, qui permet de visualiser l'activité des neurones) chez des enfants d'école maternelle ou élémentaire[1]. Les observations effectuées révèlent que ce test mobilise non seulement les régions du cerveau spécialisées dans les nombres (le cortex pariétal), comme le pensait J. Piaget, mais aussi celles du cortex préfrontal dédiées à l'inhibition des automatismes ; dans le cas présent, l'automatisme généralement inhibé au-delà de l'âge de 7 ans consiste à lier un nombre de jetons à la longueur de la suite qu'ils forment (*cf.* le schéma p. 98). Ce résultat étaye l'idée que l'inhibition cognitive est un mécanisme positif du développement de l'intelligence chez l'enfant.

Si J. Piaget n'a pas perçu ce rôle pédagogique de l'inhibition, c'est toutefois grâce à son modèle de tâche expérimentale qu'on le découvre aujourd'hui.

1. « Functional MRI study of Piaget's conservation-of-number task in preschool and school-age children: A neo-Piagetian approach », Olivier Houdé *et al.* (*Journal of Experimental Child Psychology*, vol. 110, 2011)

1967

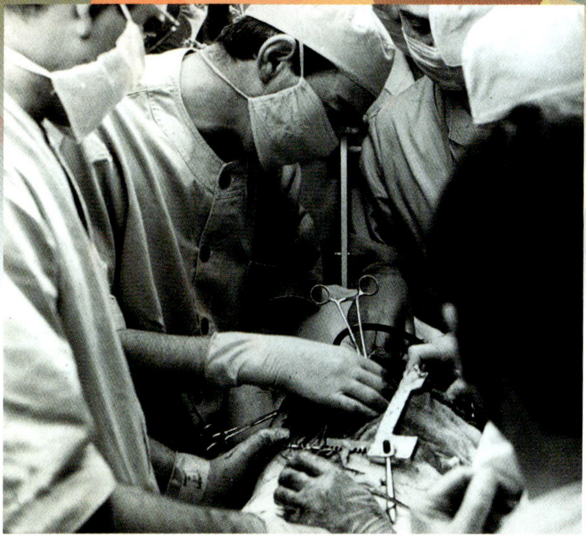

LES BATTANTS DU CŒUR

La première transplantation cardiaque chez l'humain est réalisée en Afrique du Sud. Il reste néanmoins de gros problèmes à résoudre pour systématiser une telle opération.

Christiaan Barnard et son équipe,
lors d'une opération du cœur en 1970.

Dès le début de la chirurgie cardiaque, l'idée est venue à ses pionniers, tel Alexis Carrel au début du XXe siècle, de changer le cœur. Cette perspective se précise dans les années 1960 grâce à la circulation sanguine extracorporelle, développée sous la houlette de l'Américain Clarence Walton Lillehei. Celui-ci s'est entouré de trois « disciples » qui joueront un rôle majeur dans la greffe cardiaque : son compatriote Norman Shumway, le Sud-Africain Christiaan Barnard et le Français Christian Cabrol.

DES SAUTS TECHNIQUES ET JURIDIQUES

En 1964, James Hardy échoue dans la transplantation d'un cœur de chimpanzé chez un enfant. Cependant, dès 1967, plusieurs équipes sont prêtes pour réaliser la première transplantation cardiaque humaine, en partie grâce à N. Shumway et Richard Lower, qui viennent de simplifier la technique chirurgicale à l'aide d'expérimentations chez des chiens[1].

Le 3 décembre 1967, bénéficiant d'une législation favorable dans son pays, C. Barnard greffe le cœur de Denise Ann Darvall sur la personne de Louis Washkansky. Cette première connaît un immense retentissement médiatique. De nombreuses transplantations s'ensuivent : deux par N. Shumway, une autre par C. Barnard et la première en Europe par C. Cabrol, en avril 1968 ; durant la première année, 105 opérations

1. Au lieu de commencer par recoudre chaque vaisseau l'un après l'autre, ils implantent directement le greffon en recousant d'abord les deux oreillettes et économisent ainsi quatre sutures.

similaires sont entreprises. Mais devant les difficultés rencontrées, la majorité des équipes abandonnent leur programme. Presque tout reste encore à mettre au point : surveillance de la réaction de rejet, traitement immunosuppresseur, gestion des complications… Seules l'équipe de N. Shumway à Stanford et celle de C. Cabrol à Paris (à La Pitié-Salpêtrière) poursuivent leurs efforts, mais le seul traitement immunosuppresseur disponible reste insuffisant : seulement 15 % des greffés vivent encore au bout de cinq années.

En 1972, lors d'un voyage en Norvège, Jean-François Borel découvre la ciclosporine, dont les propriétés immunosuppressives sont exceptionnelles. L'utilisation de cette molécule dans une première série d'essais cliniques, réalisée à Stanford, aboutit à une nette augmentation de la survie des transplantés. Disponible dès 1980 à La Pitié, elle induit le démarrage de nouveaux programmes, et la greffe cardiaque se développe à un rythme exponentiel. Entre temps, en 1976, la France a emboîté le pas au Royaume-Uni en modifiant la définition légale de la mort : le décès était auparavant défini par l'arrêt du cœur ; il l'est désormais par celui de l'activité cérébrale, ce qui rend possible le prélèvement d'un organe encore en activité, tel que le cœur.

UNE MÉCANISATION CROISSANTE

La surveillance du rejet est améliorée grâce à l'échographie cardiaque, et les complications (insuffisance rénale, lymphome, maladie coronaire du greffon, etc.) sont mieux prises en charge. De grands problèmes demeurent toutefois. En particulier, les chirurgiens cardiaques ne disposent pas d'appareil capable d'assurer la circulation sanguine de façon satisfaisante, qui permette au patient d'attendre sereinement un greffon salvateur. Aussi développent-ils l'assistance circulatoire mécanique, dès les années 1990. La mise au point de pompes axiales, qui permettent de miniaturiser les machines, et l'augmentation de l'autonomie des batteries autorisent bientôt le retour du patient à domicile avec une vie proche de la normale…

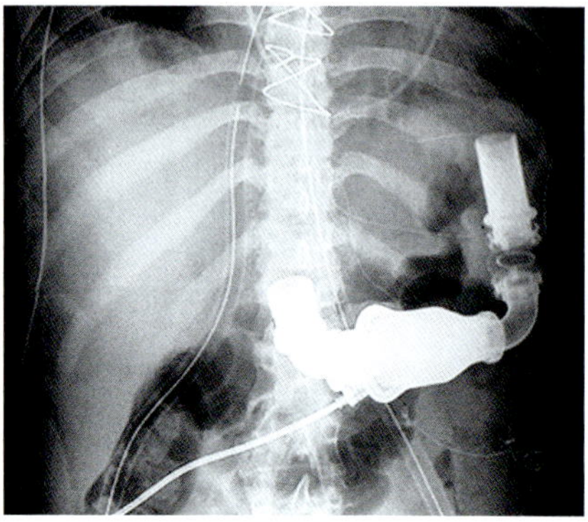

Turbine d'assistance circulatoire monoventriculaire gauche.

Tous ces progrès ont engendré une amélioration spectaculaire de la qualité de la survie des greffés et porté sa durée moyenne à douze années en 2013. Les transplantés qui vivent sans problème de santé pendant plus de 25 ans après leur greffe ne sont plus rares. Cependant, l'insuffisance persistante du nombre de greffons disponibles conduit le corps médical à recourir à des donneurs de plus en plus âgés, chez qui la fonction myocardique laisse souvent à désirer. Dans un futur proche, il est probable que des machines portatives soient largement utilisées comme alternative à la transplantation.

Alain PAVIE

En complément

- www.chirurgie-cardiaque-pitie.fr/histoire-du-service/la-premiere-transplantation
- www.frm.org/dossiers-77.html
- www.bag.admin.ch/transplantation/00697/00946/00947/index.html?lang=fr

DES PHARES COSMIQUES

La découverte fortuite d'un étrange signal radio débouche sur l'identification d'un «pulsar». Elle confirme l'hypothèse de la fin cataclysmique de certaines étoiles.

Nébuleuse du Crabe observée dans les domaines infrarouge (coloration rouge), visible (verte) et X (bleue). Un pulsar se trouve au centre de ces restes de supernova.

Un pulsar ou « étoile à neutrons » est un astre recouvert d'une écorce de fer de 10 à 20 kilomètres de rayon. Sa densité est gigantesque : 100 millions de tonnes dans le volume d'un dé à coudre ! Son champ magnétique est si intense qu'il expulse de la matière au niveau des pôles magnétiques en créant un cône de lumière. Sa période de rotation vaut de quelques millisecondes à quelques secondes ; un observateur situé dans le champ balayé par le faisceau le verra clignoter tel un phare. Supposée dès 1934, son existence a été confirmée 33 ans plus tard.

UN ESPOIR À MOITIÉ DÉÇU

Au début des années 1960, une nouvelle technique vient d'être mise au point pour affiner la détection de mystérieuses sources de puissants rayonnements dans le domaine des ondes radiométriques et nommées plus tard « quasars » (on saura bientôt qu'il s'agit de galaxies lointaines abritant un trou noir supermassif).

La technique consiste à observer la « scintillation interplanétaire » de ces objets, qui correspond à la diffraction de leurs ondes radio par le vent solaire. Le Britannique Antony Hewish en est l'un des premiers utilisateurs à l'Université de Cambridge, grâce à un réseau de 2 048 antennes d'une superficie de totale de 18 000 m². En 1967, ce radiotélescope est opérationnel et A. Hewish confie à sa doctorante Susan Jocelyn Bell la responsabilité de la collecte des données.

Rapidement, la jeune astronome repère un signal différent de la scintillation d'un quasar et dont la période régulière de 1,3 seconde suggère une émission d'origine humaine : les observations radio-astronomiques sont en effet souvent « polluées » par les émissions d'appareils divers, comme les radars. Cependant, la source du signal se révèle ponctuelle et transite dans le ciel nocturne (la rotation de la Terre l'y déplace). Elle est ensuite localisée dans une nébuleuse de notre galaxie. J. Bell songe alors à la possibilité qu'elle provienne d'une civilisation extraterrestre[1] avant qu'un rapprochement avec l'observation de l'objet Cassiopée A faite en 1947 dans le domaine de la radio rende cette hypothèse peu crédible.

L'équipe de A. Hewish recense d'autres sources radio pulsantes et suppose qu'il s'agit de reliquats d'étoiles en rotation rapide : des naines blanches ou des étoiles à neutrons, que Walter Baade et Fritz Zwicky avaient décrites théoriquement en 1934. Après la publication des analyses des résultats de l'équipe, en février 1968, celle qui porte sur l'objet détecté par J. Bell est considérée par la communauté astronomique comme la première découverte d'un pulsar, surnommé « Little Green Men 1 »[2] (LGM-1), la matière abondante qui l'entoure indiquant qu'il est le reste d'une étoile très massive.

Jocelyn Bell en 1968.

UN OUBLI À DEMI RÉPARÉ

En 1974, cette découverte vaudra le prix Nobel de physique à A. Hewish et à Martin Ryle, qui avait mis au point la technique de détection, J. Bell étant « oubliée » probablement en raison de son statut d'étudiante. A. Hewish précisera,

1. *Cf.* www.bigear.org/vol1no1/burnell.htm

2. Cette appellation humoristique, « Petits hommes verts 1 », n'était pas officielle. Le premier nom astronomique fut CP 1919 ; l'actuel est PSR J1921+2153 (PSR pour pulsar, suivi de coordonnées célestes équatoriales : 19^h21^m ; 21°53').

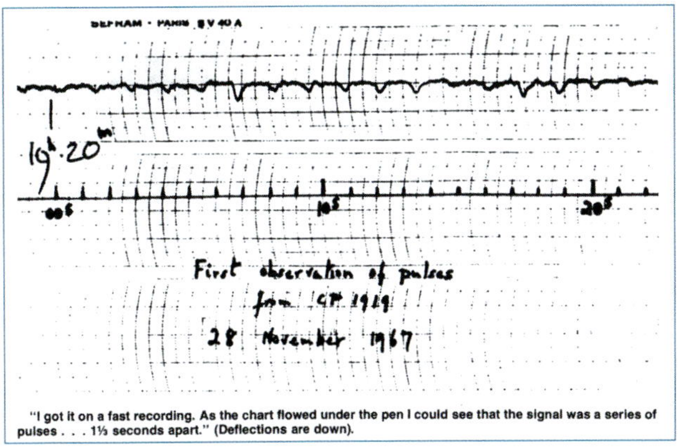

Premières données de « Petits Hommes verts 1 », en novembre 1967.

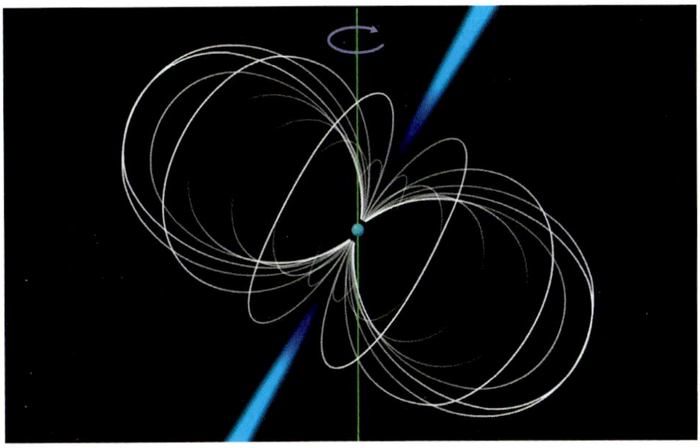

Vue schématique d'un pulsar. La ligne verte est l'axe de rotation ; les lignes blanches sont celles du champ magnétique, dont l'axe de symétrie est celui du cône de lumière (en bleu).

Le pulsar de la nébuleuse du Crabe, celui de Cassiopée A et LGM-1 sont issus de supernovæ[2]. Tandis que la plupart des étoiles ont, comme le Soleil, une vie longue de plusieurs milliards d'années avant de finir en naine blanche, les étoiles les plus massives se consument en quelques millions d'années seulement. Les réactions nucléaires qui transforment successivement, à partir de l'hydrogène, les éléments chimiques en éléments plus lourds (carbone, oxygène, etc.) pour arriver au fer, s'arrêtent alors brusquement, provoquant l'effondrement et le rebond des couches externes sur le noyau de fer. La puissance de l'explosion « en supernova » est inouïe : l'enveloppe est dispersée ; le noyau riche de neutrons est brusquement comprimé et animé d'une rotation rapide (et s'il est très massif, il devient un trou noir).

La recherche et l'observation de pulsars mobilisent des radiotélescopes toujours plus grands afin de mieux connaître leur formation, leur abondance dans l'Univers et de très rares phénomènes, comme deux pulsars qui orbitent l'un autour de l'autre, ou les « magnétars », des pulsars de champ magnétique ultra intense.

Vincent MINIER

lors de son discours de remise de prix[1], que le premier pulsar fut sans doute découvert dès 1965 par lui-même et Samuel Okoye (ils avaient alors détecté une anomalie radio dans la nébuleuse du Crabe), et le suivant en 1967, par J. Bell et lui.

1. *Cf.* www.mpia-hd.mpg.de/home/fendt/Lehre/Vorlesung_CO/hewish_nobel_lecture.pdf

2. Celle du Crabe a été vue et décrite en 1054.

En complément

- *Les mystères de l'Univers. Étoiles, quasar, pulsar, trous noirs*, Luca Parravicini et Luigi Viazzo (De Vecchi, 2004).
- *Ce que disent les étoiles,* Danielle Briot et Noëlle Robichon (Belin, 2013).

GAÏA, HYPOTHÈSE DÉTONANTE

Alors qu'il étudie des moyens de détecter une éventuelle présence de vie sur Mars, un ingénieur chimiste anglais initie une approche systémique de la biosphère. Celle-ci va susciter une controverse persistante.

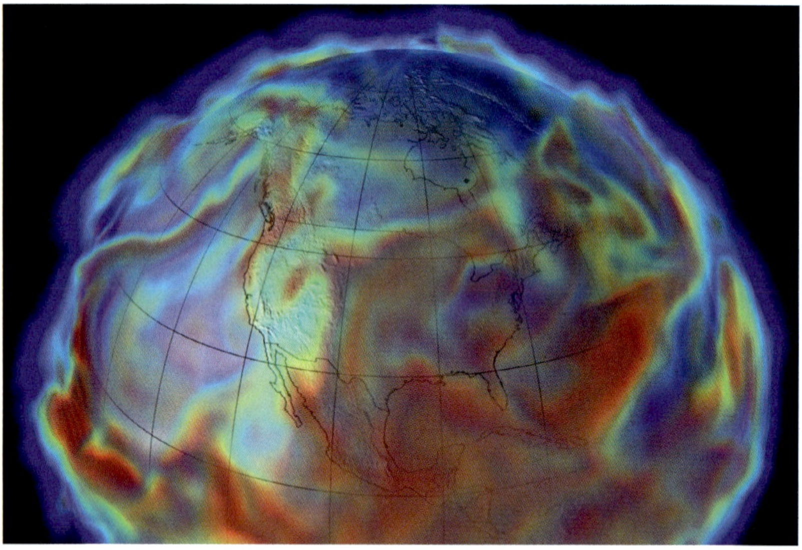

Représentation de la distribution du taux d'humidité de l'atmosphère terrestre évaluée en juin 1993. Cette évaluation s'inscrit dans une reconstitution des changements atmosphériques intervenus depuis 1979 (projet Merra).

Dès sa création, en 1958, la Nasa lance des programmes d'exobiologie qui consistent à explorer les possibilités d'émergence de la vie dans l'Univers en mobilisant différentes disciplines (planétologie, biochimie, astrophysique). Dans ce cadre, James Lovelock, ingénieur et chimiste anglais, est recruté par l'agence américaine pour développer des instruments d'analyse biochimique.

Afin de détecter une vie potentielle sur Mars, il est proposé d'équiper les sondes qui seront envoyées sur la Planète rouge d'appareils capables de détecter des traces d'activité biochimique spécifique aux organismes terrestres. Cependant, dans un article de la revue *Nature* publié en 1965, J. Lovelock propose une autre approche de détection de la vie, fondée sur une vision non « géocentrée », concentrée sur des propriétés non pas biochimiques mais thermodynamiques : les êtres vivants sont des entités qui diminuent leur entropie interne (qui maintiennent leur organisation interne) ; pour cela, ils agissent sur leur environnement en augmentant son entropie (son désordre). Pour J. Lovelock, cette propriété est assez générale pour étendre la notion de vie à des systèmes inconnus et suffisamment précise pour élaborer des critères de détection applicables. Conscient

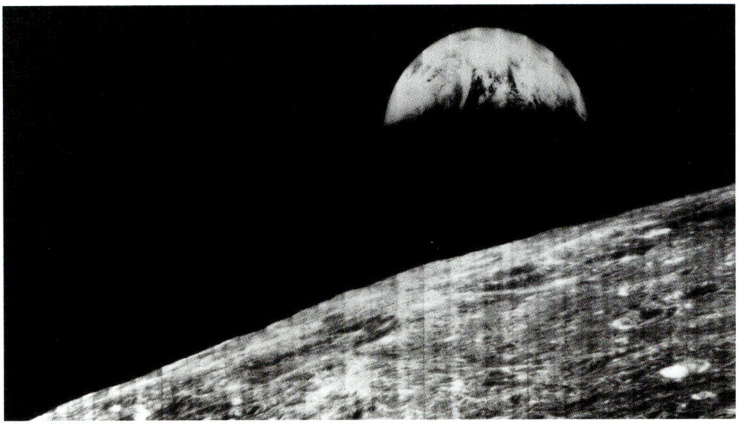

Première photographie de la Terre, prise le 23 août 1966 par la sonde *Lunar Orbiter 1*. J. Lovelock dira à son sujet : « *Il a fallu une vision de la Terre depuis l'espace [...] pour nous laisser percevoir une planète sur laquelle les entités vivantes, l'air, les océans, et les roches ne font qu'un dans Gaïa.* » (*The Ages of Gaia*, Oxford University Press, 1995.)

qu'elle est vérifiée par des systèmes thermodynamiques non reconnus comme vivants, telles les flammes et les tornades, il ajoute que l'influence des êtres vivants sur l'environnement, contrairement aux systèmes non vivants, a la particularité d'être maintenue sur de grandes échelles d'espace et de temps.

L'anomalie de l'atmosphère terrestre

En 1967, dans un article écrit avec Dian Hitchcock, J. Lovelock poursuit ces réflexions et montre que l'atmosphère terrestre est maintenue dans un état loin de l'équilibre thermodynamique : le méthane et le dioxygène y coexistent en grandes quantités alors que ces molécules sont instables quand elles sont en présence l'une de l'autre. Les auteurs montrent que les processus abiotiques (indépendants de la vie) de production et de destruction du méthane et du dioxygène ne peuvent rendre compte, seuls, de la composition chimique atmosphérique : celle-ci apparaît alors comme anomale au regard des processus abiotiques. Selon eux, la présence de vie sur une planète peut donc être déduite uniquement par la mise en évidence d'un tel déséquilibre thermodynamique. Pour déceler la vie sur Mars, nul besoin d'y envoyer des robots pourvus de laboratoires de biologie, il suffit d'étudier son atmosphère à distance !

James Lovelock.

L'hypothèse Gaïa

C'est aussi en 1967 que J. Lovelock expose pour la première fois, devant l'*American Astronomical Society*, l'idée d'un mécanisme d'autorégulation de la Terre. L'année suivante, il rencontre la microbiologiste Lynn Margulis avec qui il développera l'hypothèse dans les années 1970. Les deux chercheurs font d'abord cette remarque : l'anomalie thermodynamique de la Terre indique que les êtres vivants ont une influence forte sur la composition atmosphérique, et donc, potentiellement, sur le climat et d'autres processus géologiques. Le second fait souligné, qui étonne J. Lovelock et L. Margulis, est la persistance de conditions environnementales permettant la vie sur Terre durant plus de 3 milliards d'années, et cela en dépit de grandes perturbations comme l'augmentation continue de l'intensité du rayonnement solaire.

Ces constats conduisent J. Lovelock à formuler une hypothèse audacieuse, d'abord dans un article publié en 1972, puis dans un article co-écrit avec L. Margulis en 1974, intitulé

Dans *Avatar*, film réalisé par James Cameron en 2009, les êtres vivants et l'environnement de la planète Pandora ne font qu'un à travers la déesse-mère Eywa. Voilà qui peut rappeler certaines interprétations libres de l'hypothèse Gaïa.

« L'homéostasie de l'atmosphère par et pour la biosphère : l'hypothèse Gaïa » : la vie serait largement responsable du maintien, sur le long terme, de conditions environnementales qui lui sont favorables. L'idée selon laquelle les organismes régulent leur environnement conduit ensuite les auteurs à proposer l'image selon laquelle l'ensemble constitué des êtres vivants et de l'environnement avec lequel ils interagissent, un ensemble qu'ils nomment Gaïa[1], fonctionnerait de manière homéostatique, analogue à celle d'un organisme régulant sa température interne.

DES CRITIQUES SÉVÈRES

L'hypothèse est très mal accueillie par une large partie de la communauté scientifique, notamment par les biologistes de l'évolution. On lui reproche l'illégitimité de la comparaison de la Terre à un être vivant, étant donné que la planète ne se reproduit pas et n'est, de ce fait, pas soumise à la sélection naturelle. Or, pour le biologiste anglais Richard Dawkins, c'est la sélection naturelle qui permet d'expliquer l'homéostasie, tandis que, dans l'hypothèse Gaïa, aucun mécanisme ne sous-tend l'existence supposée de l'homéostasie planétaire.

Au fond, ce qui est reproché aux auteurs de cette comparaison, c'est d'attribuer indûment à chaque organisme une fonction qui le dépasse, en l'occurrence la préservation d'un équilibre global ; c'est de réintroduire en apparence une finalité dans la nature, un dessein que les sciences modernes se sont évertuées à chasser de leurs descriptions.

LES SCIENCES DU SYSTÈME TERRE

Lovelock tentera de répondre à ces critiques en proposant des modèles computationnels[2] tels que Daisyworld, grâce auquel il fournit un mécanisme théorique rendant compte d'une régulation de l'environnement par la vie. Il proposera également des mécanismes biogéochimiques plus particuliers. Ainsi, en 1982, il montre avec Michael Whitfield comment la vie peut contribuer à empêcher la température terrestre d'augmenter sur des échelles de temps dépassant le million d'années : de nombreux végétaux, champignons et bactéries participent à l'érosion des roches silicatées, tandis que celle-ci fait diminuer la concentration du CO_2 atmosphérique. Les résultats de calculs

1. Nom de la déesse-mère dans la mythologie grecque.

2. Qui recourent à des calculs, en général effectués par ordinateur.

ultérieurs indiqueront que, sans cette influence de la vie sur l'érosion, la température moyenne dépasserait 50°C (contre 13°C actuellement) !

De nombreux chercheurs, aujourd'hui encore, sont sceptiques vis-à-vis de l'idée d'une régulation planétaire « orchestrée » par les êtres vivants, mais il est largement reconnu à l'hypothèse Gaïa d'avoir attiré l'attention sur les interactions entre les êtres vivants et leur milieu planétaire et contribué ainsi au développement d'une nouvelle discipline, « les sciences du système Terre ». Par exemple, en 2001, lors de la Conférence internationale d'Amsterdam sur les changements globaux, il fut déclaré que *« le système Terre se comporte comme une seule entité autorégulée comprenant des compartiments physique, chimique, biologique et humains »*. Si Lovelock regrette qu'on ait échangé le mot Gaïa contre l'expression « système Terre », il se réjouit en revanche de la mise en œuvre du programme interdisciplinaire qu'il appelait depuis 1972. Entre autres avancées, ces sciences ont mis en évidence l'influence de la vie sur le climat et précisé les cycles biogéochimiques du carbone, du phosphore, du soufre et de l'azote.

Sébastien DUTREUIL

En complément

- *La Terre est un être vivant. L'hypothèse Gaïa*, James Lovelock (Champs Flammarion, 1993).
- *The Gaia Hypothesis: Science on a Pagan Planet*, Michael Ruse (University of Chicago Press, 2013).
- *The Living Universe: NASA and the Development of Astrobiology*, Steven J. Dick et James E. Strick (Rutgers University Press, 2005).

AUSSI EN 1967

Dans son ouvrage *The Naked Ape (Le singe nu)*, le zoologiste anglais Desmond Morris suggère que la peau très peu velue de l'Homme soit ce qui le distingue le plus des autres mammifères.

Les diverses réceptions de l'hypothèse

Les réactions à l'hypothèse Gaïa ont surpris son auteur. Le philosophe et historien des sciences Michael Ruse les a récemment étudiées en détail.

Il apparaît qu'en dehors de la communauté scientifique, notamment au sein de la contre-culture, parmi les théologiens et dans les mouvements *new age* qui y ont vu l'occasion d'une vision organique, unitaire et réenchantée du monde, l'hypothèse a été accueillie avec enthousiasme. En revanche, elle a été reçue de façon largement hostile par la communauté scientifique. M. Ruse explique cette hostilité comme provenant en large partie de « l'insécurité institutionnelle et idéologique » ressentie à l'époque par les biologistes de l'évolution, tandis que l'accueil favorable par le grand public aurait bénéficié de l'existence d'une longue tradition philosophique qui conçoit « le monde » comme « un organisme ».

Cette description, aussi bien fondée soit-elle, oublie deux faits importants :
d'une part, l'existence d'une réception différente, plus intéressée qu'en biologie de l'évolution, par des spécialistes des géosciences ou des sciences de la régulation (la cybernétique[1] et la vie artificielle, en particulier) ; d'autre part, des voix se sont élevées, y compris en dehors des communautés scientifiques, pour pointer l'ambiguïté de J. Lovelock sur des questions politiques et environnementales.

En effet, acteur scientifique majeur de la mise en cause des CFC (chlorofluorocarbures) dans la destruction de la couche d'ozone, J. Lovelock a aussi été l'un des principaux opposants à leur interdiction. L'expression de ses sentiments naturalistes tranche par ailleurs avec des positions peu habituelles, qui vont de sa réception distanciée du *Printemps silencieux*[2] à la défense de la géo-ingénierie[3] et à celle d'une réduction de la population humaine sur la Terre.

1. *Cf.* p. 124.
2. *Cf.* p. 52.
3. Ingénierie qui vise, par des moyens divers, à augmenter l'absorption du CO_2 atmosphérique ou à diminuer l'énergie solaire absorbée au niveau du sol et ainsi, *in fine*, à contrecarrer le réchauffement climatique.

UN MÉDICAMENT ISSU DE FORÊTS

Le taxol, molécule anticancéreuse extraite de l'écorce d'un if, est isolé par des chercheurs américains, mais cette exploitation inédite d'un arbre à des fins thérapeutiques va rencontrer différents obstacles.

Monroe Wall (à gauche) et Mansukh Wani en 2002.

Branche de l'if *Taxus brevifolia.*

A la fin de la Seconde Guerre mondiale paraissent aux États-Unis les premiers articles qui montrent l'efficacité de substances chimiques (des moutardes azotées, qui dérivent du gaz moutarde) contre certaines leucémies. Les rémissions obtenues sont de courte durée et les guérisons restent inaccessibles, mais l'espoir est de mise dans un contexte de confiance vis-à-vis des nouveaux médicaments : les sulfamides antibactériens, disponibles depuis 1936, et la pénicilline, dès 1941, ont eu un impact médical et social immense.

Le financement de la recherche sur le cancer est alors fortement accru aux États-Unis. Les partisans des chimiothérapies en obtiennent une part conséquente, avec la mise en place en 1955 d'un vaste programme de recherche de nouveaux médicaments anticancéreux, piloté par le National Cancer Institute (NCI).

UN IF TRÈS ACTIF

Dans ce cadre, certains chercheurs collectent des espèces végétales afin d'y déceler des substances actives, bien que le NCI cible plutôt des produits de synthèse (les rares anticancéreux alors disponibles sont en majorité synthétiques et l'intérêt des scientifiques pour les usages traditionnels de plantes à des fins thérapeutiques est encore confidentiel).

En août 1962, Arthur Barclay, un botaniste du Département fédéral de l'Agriculture (USDA), prélève des échantillons de végétaux divers dans une forêt de l'État de Washington.

Après une première analyse, des extraits sont testés sur des tumeurs d'animaux. L'écorce d'un if du Pacifique, *Taxus brevifolia*, se montre la plus prometteuse. En 1964, une analyse poussée et des tests sur des modèles standard de cancer animal sont confiés à l'équipe de Monroe Wall et Mansukh Wani, à l'USDA. Les résultats sont enthousiasmants. En juin 1967, la molécule active est isolée ; M. Wall la nomme « taxol ».

Quatre années s'écoulent avant qu'on parvienne à décrire la structure chimique complexe du taxol, mais *Taxus brevifolia* et son écorce vont rester plus longtemps encore au centre des préoccupations. En effet, le rendement de l'extraction du taxol étant faible, il faut de grandes quantités d'écorce pour continuer les études, ce qui demande d'importants moyens logistiques tandis que les conditions de bonne récolte sont imprévisibles. Ces contraintes entraînent des lenteurs et des incertitudes considérables dans les travaux nécessaires à la mise au point d'un médicament.

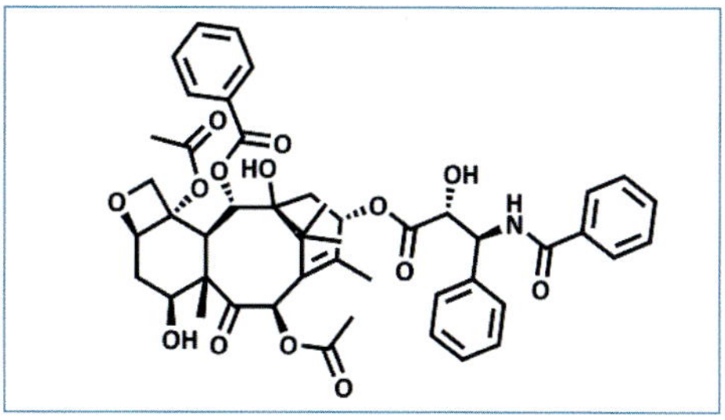

Structure du paclitaxel (taxol). Cette molécule complexe bloque la division cellulaire, particulièrement intense dans les cellules tumorales.

LA CHASSE AUX DOMMAGES COLLATÉRAUX

Les premiers essais cliniques débutent en 1984. Les médecins constatent que le taxol cause de sérieux effets indésirables, notamment des problèmes cardiaques et des allergies graves. Le NCI entérine néanmoins la poursuite des essais et, en 1988, des résultats encourageants sont annoncés dans le traitement du cancer de l'ovaire. Le taxol devient alors un objet public visible, une source d'espoirs placée au centre d'un débat portant sur la gestion des forêts et la lutte contre la déforestation, compte tenu du grand nombre d'ifs déjà abattus.

En 1989, le NCI choisit la firme Bristol-Myers Squibb comme partenaire industriel, qui fait du taxol le nom d'une marque déposée. La controverse qui s'ensuit n'y change rien et la molécule est renommée « paclitaxel ». Le Taxol® est autorisé en décembre 1992 pour le traitement du cancer de l'ovaire métastasé.

L'obtention de la molécule reste cependant problématique, à la fois techniquement et sur le plan environnemental. Bristol-Myers Squibb se tourne alors vers un procédé de synthèse partielle, que les équipes de Pierre Potier, à Paris, et d'Andrew Greene, à Grenoble, ont ensemble réussi à mettre au point en 1988. Un composé proche du taxol, le docétaxel sera ainsi commercialisé sous le nom de Taxotère® en 1996.

Depuis lors, le paclitaxel et le docétaxel sont utilisés dans le traitement de quelques types de cancer avancés, mais leurs effets indésirables sont sévères. Les recherches actuelles visent à diminuer cette toxicité en améliorant le ciblage des tumeurs, notamment par vectorisation de la substance active : on attache celle-ci à une molécule inerte ou à un nanomatériau biodégradable qui est capable de se fixer sur les cellules cancéreuses et sur elles seules.

Thibaut SERVIANT-FINE

En complément

- *Douze clés pour le médicament,* Pierre Potier et Émile Noël (Belin, 1996).
- *The Story of Taxol: Nature and Politics in the Pursuit of an Anti-Cancer Drug,* Jordan Goodman et Vivien Walsh (Cambridge University Press, 2001).
- www.larecherche.fr/savoirs/dossier/paradoxale-saga-du-taxol-01-07-2000-70871

1968

LES PRÉMICES D'INTERNET

Le soutien d'une agence militaire américaine à la mutualisation des ressources informatiques universitaires débouche sur la création d'Arpanet, premier réseau numérique transnational.

À sa fondation au sein du Pentagone, en 1958, l'Advanced Research Projects Agency (Arpa) a pour mission de rétablir la supériorité américaine en matière scientifique et technique, face à l'URSS qui vient de mettre en orbite le premier satellite artificiel. Après un début conflictuel, en rivalité avec la Nasa, elle se réoriente sur des projets d'avant-garde et devient une agence de soutien à la recherche civile. Elle recrute des responsables à la fois expérimentés et visionnaires, à qui elle laisse une grande liberté de décision.

DES FERMENTS DE GRAND RÉSEAU

Au milieu des années cinquante, les universités américaines se sont équipées d'ordinateurs pour le calcul scientifique, mais les machines de l'époque ne peuvent faire « tourner » qu'un logiciel à la fois, pour un seul utilisateur. Des chercheurs développent vers 1960 des systèmes d'exploitation en *time-sharing*, qui permettent de partager les ressources d'un ordinateur depuis plusieurs terminaux. Les gros ordinateurs sont alors mieux rentabilisés, il n'y a plus de file d'attente aux centres de calcul… et l'informatique interactive est née.

Dans le même temps, aux États-Unis comme ailleurs, militaires et industriels collaborent pour développer des réseaux de surveillance de l'espace aérien, interconnectant radars, calculateurs et systèmes d'armes. Dans ce cadre, l'Arpa recrute en 1962 Joseph Licklider, un psycho-acousticien qui a étudié l'interaction

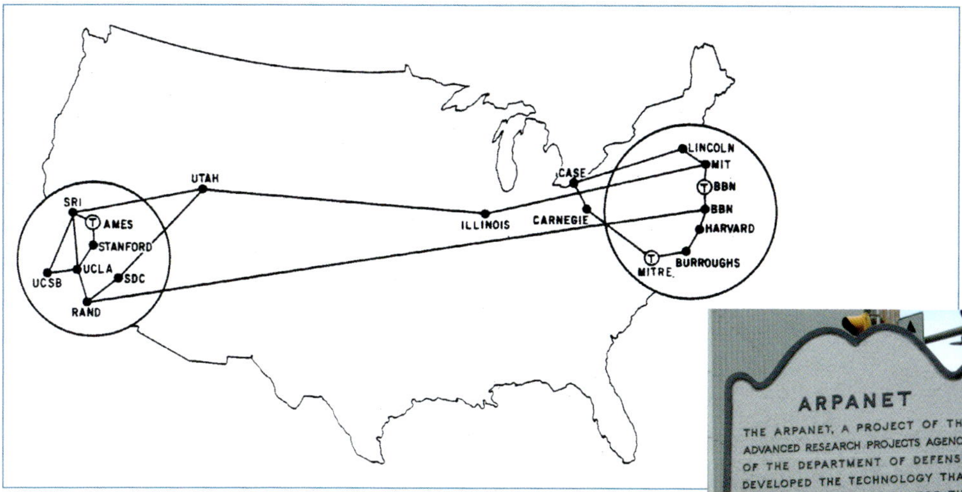

Arpanet en décembre 1970.

Plaque commémorative du lancement d'Arpanet effectué à Arlington, en Virginie.

homme-machine dans le premier réseau de radars informatisé. J. Licklider imagine un grand réseau qui, en reliant les ordinateurs de nombreuses universités, permettrait aux chercheurs d'échanger des données. Il quitte l'Arpa dès 1964 mais ses successeurs, Ivan Sutherland et Larry Roberts, ont la même vision que lui ; ils y ajoutent leurs propres idées : interfaces graphiques, courrier électronique...

Trois problèmes cruciaux

En 1966, le bilan des expériences menées permet d'identifier trois problèmes qui conditionnent le développement d'un réseau à grande échelle. D'abord, comment interconnecter les ordinateurs ? Si l'on reliait chaque machine à toutes les autres, le nombre de lignes serait prohibitif. Ensuite, comment « rentabiliser » l'emploi de ces lignes coûteuses ? Les mesures faites lors d'expériences de *time-sharing* montrent qu'elles ne sont utilisées qu'à 2 % de leur capacité. Enfin, comment connecter des ordinateurs incompatibles entre eux ? Il n'est pas question d'abandonner les systèmes d'exploitation développés à grands frais depuis plusieurs années, pour en élaborer d'autres.

La solution aux deux premiers problèmes a déjà été inventée à l'insu de l'Arpa. Il s'agit de la transmission de données « par paquets », conçue simultanément par Paul Baran à la Rand Corporation, une société liée à l'US Air Force, et par Donald Davies au National Physical Laboratory (NPL), en Angleterre. Son principe reprend un procédé employé en télégraphie dès le XIXᵉ siècle pour éviter de relier chaque ville à toutes les autres : seules quelques cités disposaient d'un centre de commutation ; un télégramme arrivant dans un centre était imprimé, stocké puis transmis à un autre centre plus proche du destinataire dès que la ligne était libre, et ainsi de suite jusqu'à ce qu'il touche au but. Ainsi pourrait-on organiser un réseau d'ordinateurs autour d'une ligne principale à haut débit, les lignes secondaires étant ajoutées en fonction des besoins. Chaque paquet de données à transmettre comporterait l'adresse de son destinataire et les gros messages seraient fractionnés pour éviter les encombrements. Les machines chargées d'assurer la commutation (les « nœuds » du réseau) réexpédieraient les paquets vers le prochain nœud, puis l'ordinateur situé en bout de ligne reconstituerait le fichier original en assemblant les paquets dans l'ordre.

En 1967, L. Roberts entend un Anglais exposer ce concept dans un congrès. Il comprend immédiatement que c'est *la* solution à deux des grands problèmes et qu'il peut s'aider du travail de Leonard Kleinrock, doctorant au Massachusetts Institute of Technology, pour la mettre en œuvre. L. Kleinrock vient en effet de développer un modèle mathématique des files d'attente qui, en mesurant les temps de parcours d'un message dans diverses configurations de réseau, permet de trouver la configuration optimale.

Leonard Kleinrock devant un IMP en 2004.

Le troisième problème est résolu quand L. Roberts imagine de recourir à des mini-ordinateurs, machines relativement bon marché qui commencent à se diffuser, pour en faire des *Interface Message Processors* (IMP) : ils seront chargés de gérer le trafic des messages et il suffira de modifier une infime partie du système de chaque ordinateur « hôte » pour lui permettre d'échanger des informations avec son IMP. Ce choix est en phase avec la baisse constante du prix des matériels, tandis que les coûts des logiciels ne cessent d'augmenter.

D'Arpanet à Internet

Contrairement à la légende, Arpanet n'est pas un réseau militaire capable de résister à une attaque nucléaire, mais un outil conçu par et pour des civils avec le soutien de la Défense. Il n'est pas non plus le seul berceau du monde de la communication numérique.

Dès 1970, le NPL anglais met son réseau Mark 1 en service, tandis que les ordinateurs de l'archipel d'Hawaï sont reliés par radio dans Alohanet. Chaque grand constructeur d'ordinateurs, IBM en tête, développe son propre système. Usenet est créé par des universités américaines exclues d'Arpanet. En France, où le gouvernement gaulliste a lancé le plan Calcul pour soutenir une informatique européenne indépendante, une équipe est formée en 1971 afin de développer le réseau Cyclades, inspiré d'Arpanet. Son patron, Louis Pouzin, un polytechnicien qui a participé aux recherches américaines, invente le concept de datagramme : les paquets de données n'ont pas besoin d'être transmis groupés ; ils peuvent librement emprunter la ligne la moins encombrée, pour n'être regroupés qu'en fin de parcours.

À la fin des années 1970 émergera l'idée d'interconnecter tous ces réseaux en utilisant un protocole de communication : TCP/IP. Ainsi naîtra Internet, qui mettra encore deux décennies à s'imposer[1]. C'est le temps nécessaire pour qu'une technologie se diffuse dans la société, sur cinq continents, et pour que soient développées des applications intéressant des millions d'utilisateurs.

1. Notamment grâce à l'ensemble d'outils logiciels conçus au Cern dès 1989, dénommé World Wide Web.

UNE ÉMULATION COLLECTIVE

En 1968, tous les principes d'un réseau d'ordinateurs hétérogènes étant maîtrisés, l'Arpa lance le projet Arpanet en finançant des équipes des universités de Los Angeles, de Santa Barbara et de Utah, le Stanford Research Institute et une entreprise de Boston, BBN, chargée de développer le logiciel de l'IMP. Des étudiants, des

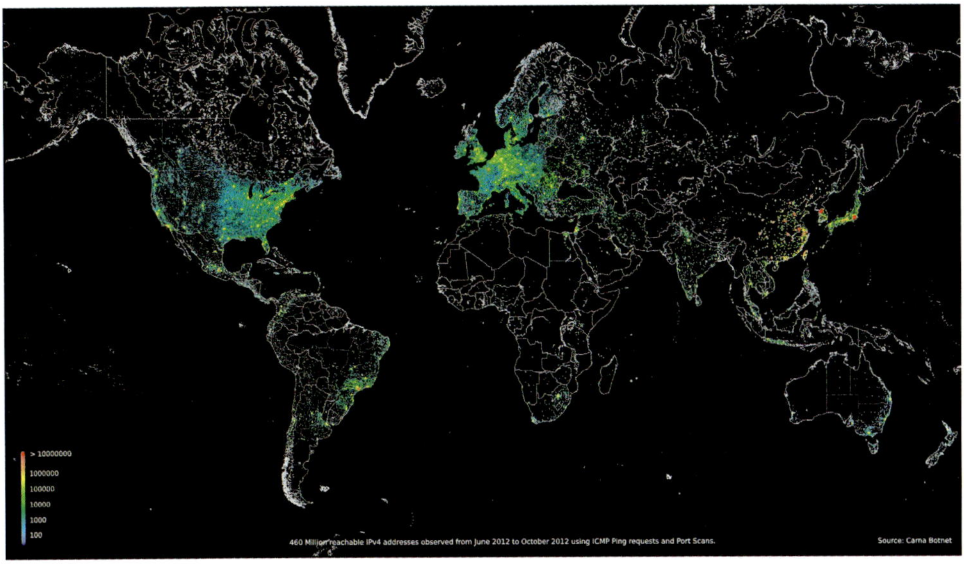

Localisation des machines connectées à Internet (adresses IP) dans le monde en 2012 (2012 Internet Census).

chercheurs, des ingénieurs venus de l'industrie et des jeunes en contact avec le mouvement hippy ou d'autres contre-cultures alors florissantes participent à « l'interfaçage » de l'ordinateur de leur campus au réseau. Ainsi naît une culture « techno-anarchique » très vivace, qui perdure dans le monde actuel d'Internet.

Deux ans plus tard, quelques centres partenaires de l'Arpa sont interconnectés. L. Roberts prêche dans les congrès d'informaticiens pour gagner de nouveaux adeptes. Le succès socio-économique d'un réseau se fonde en effet sur un processus cumulatif : plus les participants sont nombreux, plus on a intérêt à les rejoindre, pour profiter de leurs ressources et se faire connaître. Un système de courrier électronique est introduit et occupe bientôt la majorité du trafic. Des e-mails existaient déjà dans des réseaux internes de *time-sharing*, mais dans un réseau plus large ils deviennent substituables au téléphone, à la poste ou au fax.

En 1972, un congrès international réunit un millier d'informaticiens à Washington. Sur un stand équipé de 40 terminaux par L. Roberts, les participants peuvent se connecter à une douzaine d'ordinateurs, l'un d'eux étant situé à Paris. Ils accèdent à des bases de données et à des programmes de modélisation scientifique, jouent aux échecs ou à une simulation de contrôle aérien... Ils repartent conquis. Cinq ans plus tard, Arpanet compte 111 ordinateurs hôtes et plusieurs milliers d'utilisateurs.

Arpanet aura ainsi joué un rôle décisif dans la transformation de l'ordinateur, de machine à calculer en machine à communiquer.

Pierre MOUNIER-KUHN

En complément

- *L'informatique en France de la Seconde Guerre mondiale au Plan Calcul*, Pierre Mounier-Kuhn (PUPS, 2010).
- www.revue-terminal.org/www/articles/86/Serres.html

AUSSI EN 1968

Le Français Georges Charpak met au point la « chambre proportionnelle multifilaire », un détecteur de particules ionisées très précis qui lui vaudra le prix Nobel de physique en 1992.

1968

LE MONDE SYSTÉMATISÉ

Un philosophe et biologiste autrichien publie la *Théorie générale des systèmes*, un projet de modélisations visant à contourner la difficulté à décrire les phénomènes par la seule étude de leurs éléments constitutifs.

Les fluctuations boursières peuvent-elles être prévues autrement que par une approche analytique ?

L'entre-deux-guerres fut, surtout dans les pays germanophones, un temps de contestation des modes de pensée qui avaient fait le succès de la physique jusqu'à la fin du XIXe siècle. Des scientifiques et des philosophes des sciences considéraient que les écueils rencontrés dans la description de nombreux comportements (de particules, de fluides, d'êtres vivants, etc.) étaient trop importants pour en rester à la méthodologie analytique réductionniste.

Dans la plupart des disciplines se sont alors développées des approches dites holistiques[1] afin d'étudier les systèmes dont la compréhension résistait à la seule analyse de leurs parties considérées isolément : il semblait à la fois possible et nécessaire de les appréhender scientifiquement en se focalisant au contraire sur les propriétés de leur comportement global, indispensables même pour rendre intelligible celui de leurs parties.

UNE UNIFICATION DES SCIENCES

La théorie de la croissance animale produite dans les années 1930 par le philosophe et biologiste autrichien Ludwig von Bertalanffy est typique du mouvement systémique : elle rend compte des modes de développement des organismes par des relations mathématiques entre différents phénomènes d'assimilation, de transformation ou de rejet de matière, sans les avoir déduites de l'analyse des processus chimiques ou cellulaires sous-jacents.

Ce travail s'inscrit dans un projet plus vaste que L. v. Bertalanffy fait connaître dès 1949, une fois émigré au Canada, et surtout par la publication, en 1968, d'une collection d'essais intitulée *Théorie générale des systèmes*. Cette « systémologie générale » propose des concepts, des principes et des modèles applicables à diverses classes de systèmes car ne portant pas sur la nature des éléments de ces systèmes mais seulement sur leurs relations. L. v. Bertalanffy montre, à titre d'exemple, la pertinence d'un modèle général « de systèmes ouverts à équilibre de flux » à la fois en biologie, en écologie, en psychologie et en science des organisations sociales.

L'approche consiste à exploiter des similitudes présentées par des modèles relatifs à différentes disciplines : par exemple, on applique l'analyse mathématique d'un système

1. Du grec ancien *holos* : entier.

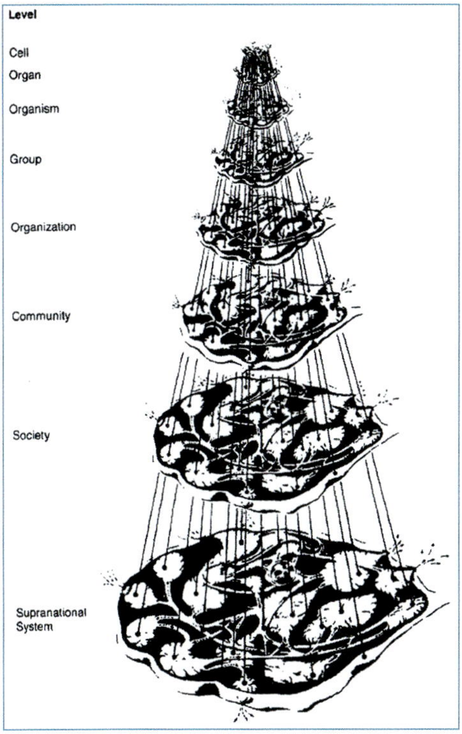

Le cosmos systémique selon James G. Miller, illustrant son ouvrage *Living Systems* (Mc Graw Hill, 1978).

proie-prédateur à celle d'une course à l'armement. Elle vise ainsi à guider les sciences « non physiques » (parfois qualifiées de « molles » aujourd'hui) sur la voie de l'exactitude. Son but est aussi de rapprocher des scientifiques devenus très spécialisés et de fonder une science dont l'unité serait constitutive d'une cosmologie malgré des niveaux d'organisation (atome, cellule, organisme, société, etc.) apparemment irréductibles les uns aux autres.

DES RÉSULTATS MITIGÉS

Ce projet suscite en 1956 la création d'un groupement international de chercheurs, la Society for General Systems Research. Outre des réflexions sur les fondements et la portée de la systémologie, ses membres produisent des modèles et des théories qui portent aussi bien sur la schizophrénie ou le fonctionnement d'un hôpital que sur les fluctuations boursières ; Ralph Gerard et James Miller contribuent à la création du futur Internet en esquissant, entre 1963 et 1970, les effets sociaux positifs d'un grand réseau de communication ; en simulant le comportement du « système-monde » à partir de relations établies entre les divers aspects du développement humain, Mihajlo Mesarovic étaye l'argument de l'existence de « limites à la croissance » dans le second rapport au Club de Rome en 1974...

La systémologie est cependant très critiquée. On lui oppose le manque de pertinence de ses considérations purement mathématiques dans la description de phénomènes réels et le risque de stérilité lié à ses généralisations ; on lui reproche de considérer indûment la stratification organisationnelle de la nature comme une réalité, alors que L. v. Bertalanffy attribuait seulement à celle-ci une signification méthodologique et voyait la systémologie comme un complément nécessaire à l'approche analytique.

Bien que ses productions présentent des efficacités très inégales, ce projet conserve encore aujourd'hui une grande force d'inspiration, notamment en biologie et en oncologie où progresse l'idée d'aborder le cancer comme une perturbation de l'ensemble des contraintes pesant sur la prolifération des cellules et non plus seulement par l'analyse de processus moléculaires supposés dysfonctionner.

David POUVREAU

En complément

- *Théorie générale des systèmes*, Ludwig von Bertalanffy (Dunod, 2012).
- *Les systèmes complexes : mathématiques et biologie*, Hervé Zwirn (Odile Jacob, 2006).

1968

LA SURFACE CHANGEANTE DE LA TERRE

Un modèle global des mouvements de la croûte terrestre est achevé. C'est la tectonique des plaques, qui permet d'expliquer la dérive des continents suggérée 55 ans plus tôt.

Faille de San Andreas (Californie) entre les plaques pacifique et américaine (image de synthèse couvrant environ 20000 km²).

Lorsqu'il revient, fin avril 1966, au Lamont Geological Observatory de l'Université de Columbia, près de New York, après deux mois de campagne dans l'Atlantique sud et un séjour à Strasbourg pour y soutenir sa thèse, Xavier Le Pichon prend connaissance des résultats de Walter Pitman, son collègue paléomagnéticien. Effondré, le géophysicien français explique à sa femme : « *Les conclusions de ma thèse sont fausses. Hess a raison.* » Vingt ans plus tard, il écrira « *Pour moi le coup fut rude. L'encre de ma thèse venait à peine de sécher que sa principale conclusion s'écroulait. J'aurais pu, il est vrai, pressentir plus tôt que le «fixisme» devenait intenable.* »

UNE MANNE TECHNOLOGIQUE

Dès la fin de la Seconde Guerre mondiale et tout au long des années 1950, la connaissance des fonds océaniques a été fortement accrue grâce, en particulier, au développement des technologies que la Guerre froide a induit : sonar, magnétomètre, réseau de sismographes… C'est notamment la dorsale nord-atlantique qui a été identifiée. Creusé dans sa partie centrale (ou « zone axiale ») d'une vallée large d'une cinquantaine de kilomètres et profonde de plusieurs centaines de mètres, ce relief continue dans le sud de l'Atlantique, passe entre l'Afrique et l'Antarctique, se prolonge dans l'océan Indien puis dans le Pacifique, totalisant 65000 kilomètres de long.

Les dragages effectués sur les dorsales ont tous remonté des roches volcaniques de type basaltique. Des mesures thermiques ont indiqué l'existence de flux de chaleur très élevés au voisinage de la zone axiale. Les sédiments prélevés se sont révélés plus récents et moins épais que ce que l'on imaginait. Les techniques gravimétriques et sismiques ont permis de préciser la nature de la croûte océanique, en particulier sous les dorsales...

À partir de ces nouvelles données, l'Américain Harry Hess propose en 1960 un modèle de formation du plancher océanique au niveau des dorsales : dans la convection du manteau terrestre, due à la chaleur interne de la Terre et formant, de part et d'autre de la dorsale, des rouleaux nommés « cellules de convection »[1], la branche ascendante d'une cellule entraîne la production de croûte océanique par fusion de la roche remontante ; la branche horizontale écarte ensuite le fond océanique de l'axe de la dorsale où il s'est formé.

H. Hess complète son modèle en 1963 : la croûte plonge et disparaît dans le manteau au niveau des fosses océaniques, suivant la branche descendante de la cellule de convection (*cf.* la figure 1).

DES TAPIS ROULANTS OCÉANIQUES

Ainsi les océans ne seraient plus des traits permanents de la surface de la Terre, les continents étant mus par le « tapis roulant des fonds océaniques », ou *seafloor spreading*.

H. Hess réactualise ainsi la conception mobiliste de la surface terrestre proposée par Alfred Wegener un demi-siècle plus tôt. Mais, en l'absence de données probantes et bien que l'existence du *seafloor spreading* leur semble plausible, certains géophysiciens n'admettent pas l'idée d'un plongement du plancher océanique dans le manteau ; ils en viennent à penser que la Terre se dilate. Trois écoles cohabitent ainsi dans les instituts de géophysique dans la première moitié des années soixante : les fixistes, les expansionnistes et les mobilistes.

H. Hess, jusqu'alors opposé au mobilisme, présente son travail comme « un essai de

1. *Cf.* la convection atmosphérique p. 65.

Le pionnier du mobilisme

En s'appuyant sur des observations topographiques et paléontologiques, le météorologue allemand Alfred Wegener proposa en 1912 que les continents africain et sud-américain n'en formaient qu'un seul dans un passé lointain, et fit « *l'hypothèse de grandes poussées horizontales qui ont déplacé et déplacent probablement encore les socles continentaux* ». Il se servit ensuite de données paléoclimatiques montrant que le pôle Sud se trouvait jadis dans l'océan Indien actuel, tandis que les roches des antipodes de ce lieu ne recèlent aucun signe de la présence du pôle Nord, pour livrer « *une réfutation éclatante de l'hypothèse de l'immobilité des continents* ».

Cette remise en cause de la vision fixiste alors très dominante fut laissée sous silence jusqu'en 1922, sous l'effet du boycott de la science allemande organisé par les académies des sciences des Alliés de la Grande Guerre. Elle convainquit par la suite peu d'experts, en raison notamment de l'absence d'hypothèse crédible faite sur le mécanisme générateur des dérives continentales. Dès 1928, toutefois, le Britannique Arthur Holmes attribua ce rôle à la convection mantellique, alors encore hypothétique.

La théorie de Wegener n'esquisse rien d'équivalent aux plaques décrites par T. Wilson en 1965, qui interagissent dans des zones géologiquement actives : elle évoque seulement des blocs continentaux se mouvant tels des icebergs sur l'océan. Cependant, A. Wegener et ses contemporains ne disposaient essentiellement que de « données continentales » : le tracé des côtes, la répartition des espèces actuelles et fossiles et quelques traces de climats anciens.

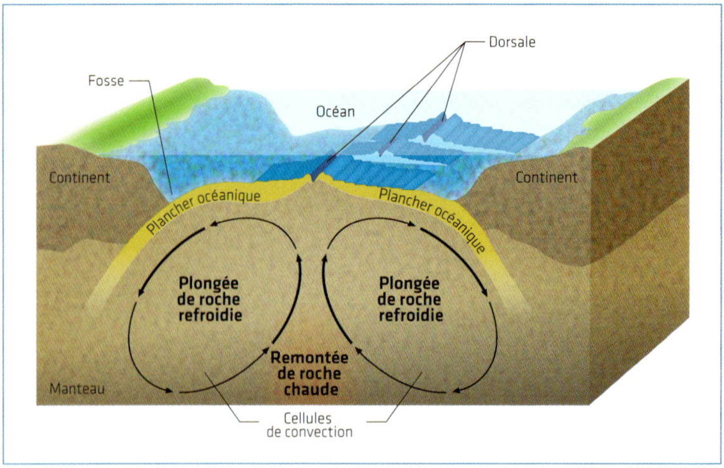

Fig. 1. Convection du manteau sous un océan.

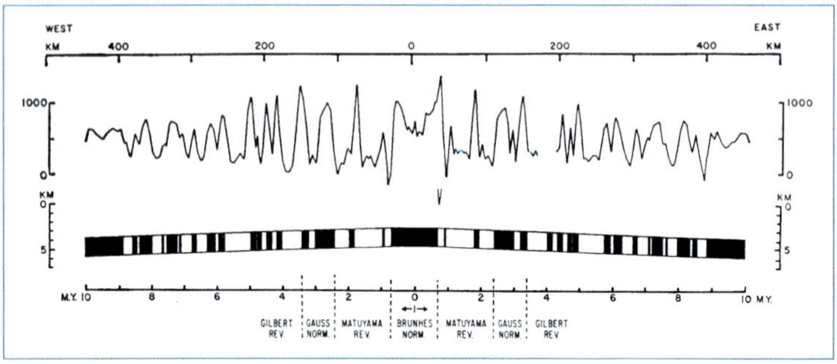

Fig. 2. Inversions du champ magnétique terrestre enregistrées de part et d'autre de la dorsale du Pacifique sud, publiées par W. Pitman III et J. Heirtzler dans la revue *Science* en 1966. En bas, chaque transition entre une bande noire et une bande blanche correspond à une telle inversion. Les échelles horizontales indiquent la distance à l'axe de la dorsale et l'âge des fonds océaniques (en millions d'années). Les inversions apparaissent symétriques par rapport à l'axe. La vitesse moyenne de déplacement des fonds est de 4,5 cm par an.

géopoésie » dans sa publication de 1962. Celui-ci suscite pourtant des tests. En particulier, les Anglais Fred Vine et Drummond Matthews, d'une part, et le Canadien Lawrence Morley, d'autre part, suggèrent en 1963 d'utiliser les inversions du champ magnétique enregistrées dans les roches basaltiques lors de leur formation à l'axe de la dorsale. Des mesures *ad hoc* sont effectuées peu après, mais elles ne sont pas encore assez nettes pour convaincre. De plus, le flux thermique mesuré au niveau des dorsales océaniques reste trois fois inférieur à ce que les calculs prédisent.

Néanmoins, des données convaincantes ne tardent pas à venir. En 1966, W. Pitman publie le fameux « profil magique » établi à l'aide des mesures magnétiques effectuées entre le Chili et la Nouvelle-Zélande à bord du navire *Eltanin* (*cf.* la figure 2). La majorité des géophysiciens se convertit dès lors au mobilisme de Hess.

Au fond des océans, « les secrets de notre Terre »

Entre temps, en 1965, le Canadien Tuzo Wilson a introduit le concept de plaques rigides[1] à la surface du globe, dont les limites sont marquées par des chaînes de montagnes, des dorsales océaniques ou des grandes failles. Puis trois articles paraissent entre décembre 1967 et juin 1968, signés respectivement par Dan McKenzie et Robert Parker, de l'Université de Californie, Jason Morgan, de Princeton, et X. Le Pichon ; tous traitent du *seafloor spreading*. Alors que le premier article se concentre sur le nord du Pacifique, J. Morgan établit, dans un modèle comportant douze plaques, une description géométrique

1. Les plaques lithosphériques, qui se déplacent de quelques centimètres par an sur l'asthénosphère visqueuse.

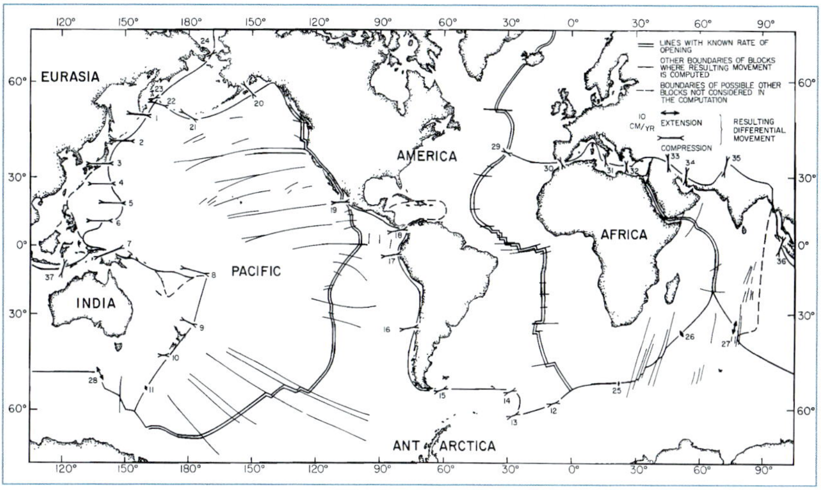

Fig. 3. Localisation des frontières de six plaques avec leur taux d'expansion ou de raccourcissement, publiée par X. Le Pichon en 1968 dans le *Journal of Geophysical Research*.

et quantitative de leurs mouvements au niveau des dorsales. X. Le Pichon va plus loin : dans un modèle à six plaques (*cf.* la figure 3), il confirme les mouvements divergents au niveau des dorsales et, surtout, il établit un système global donnant la direction et la vitesse du mouvement des plaques. Ce modèle inclut la convergence des plaques au niveau des fosses océaniques et des chaînes de montagne en formation. « *J'ai fait la découverte du siècle !* », trouve-t-il à dire après une nuit de travail passée sur les ordinateurs de l'observatoire Lamont.

« *C'est maladroit et ce n'est pas du tout ce que je ressens* », écrira plus tard X. Le Pichon. « *La vérité est qu'à ce moment-là, j'ai comme une immense joie d'avoir pu participer à la prise de possession de la Terre par l'intelligence humaine. Je ne réalise pas encore qu'il ne s'agit que d'une étape. Savoir que les plaques s'écartent de trois centimètres par an le long du Rift atlantique ne permet évidemment pas de décrire l'immense alchimie qui y fabrique de la nouvelle croûte océanique. Et savoir que les plaques se rapprochent de neuf centimètres par an le long des fosses japonaises ne décrit pas non plus la manière dont s'opère le plongement de la plaque Pacifique au sein de la Terre.* »

La théorie de la tectonique des plaques est rapidement admise par la communauté des sciences de la Terre et les vingt-cinq années suivantes apporteront la plupart des réponses à ces questionnements.

Philippe LE VIGOUROUX

En complément

- *Kaiko, voyage aux extrémités de la mer*, Xavier Le Pichon (Odile Jacob, 1986).
- « My Conversion to Plate Tectonics », Xavier Le Pichon, *in: Plate Tectonics. An Insider's History of the Modern Theory of the Earth*, éd. Naomi Oreskes (Westview Press, 2003).
- http://archimer.ifremer.fr/doc/1970/publication-4887.pdf

AUSSI EN 1968

Les Américains Richard Atkinson et Richard Shiffrin proposent un modèle dans lequel la mémoire humaine est organisée en trois sous-systèmes : le registre sensoriel, la mémoire à court terme et la mémoire à long terme.

LA THÉORIE DES CATASTROPHES

Le Français René Thom publie une théorie mathématique permettant la description d'accidents brutaux. À ce succès vont venir s'ajouter des effets de mode.

Des changements brusques peuvent survenir dans des systèmes soumis à une évolution continue. Le mathématicien René Thom, qui les a baptisés « catastrophes », a vu comment les décrire et les classifier.

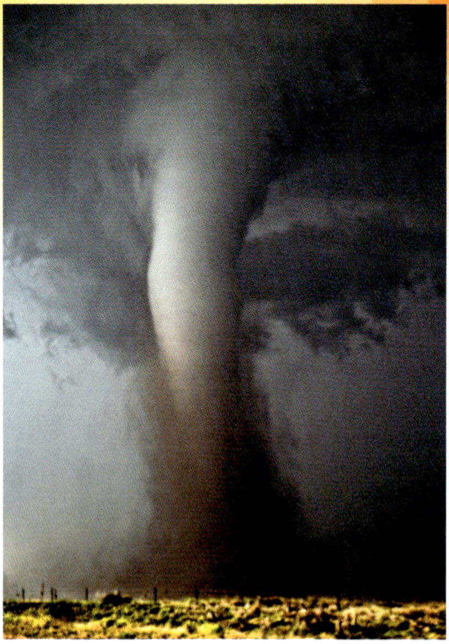

Une tornade.

TRANSVERSALITÉ

Tout commence en 1953 quand René Thom, alors âgé de 30 ans, écrit l'article intitulé « Quelques propriétés globales des variétés différentiables », qui lui vaudra la médaille Fields en 1958.

Une variété différentiable est un espace qui, près de chacun de ses points, apparaît comme euclidien (plan) ; ainsi, à l'échelle humaine, la surface de la Terre semble plane. Or deux variétés peuvent s'entrecroiser de façon très complexe. Pour y voir clair, R. Thom démontre le « lemme de transversalité », qui affirme que ces « situations sales » forment un ensemble négligeable et se ramènent donc, par des déformations arbitrairement petites, au cas d'intersections transversales (par exemple, il est bien connu depuis longtemps que, dans l'espace, deux plans se coupent en général suivant une droite).

Peu après, R. Thom obtient une version étonnamment générale de ce résultat, permettant de dire, dans un grand nombre de cas, quels sont les phénomènes « génériques », ceux qui se rencontrent presque toujours ; il est dans leur nature d'être *structurellement stables*, c'est-à-dire que les phénomènes voisins « leur ressemblent » (un modèle mathématique qui ne possèderait pas cette propriété serait inutilisable, d'autant plus que tout calcul comporte des erreurs d'arrondi). Le mot *phénomène* peut recouvrir ici un ensemble de faits dont certains sont structurellement instables. Ainsi, il est structurellement stable qu'une pomme tombe à un moment ou un autre de l'arbre, mais le moment de sa chute est structurellement instable : juste avant, le fruit est stablement sur l'arbre ; juste après, il est stablement à terre.

La transversalité est au cœur de la théorie des singularités d'applications différentiables, à laquelle R. Thom donne naissance en 1956 et se consacre jusqu'en 1970.

DES SINGULARITÉS AUX CATASTROPHES

Conscient que les applications potentielles de la théorie des singularités sont innombrables,

R. Thom crée la « théorie des catastrophes ». Son article fondateur[1], qui paraît en 1968, est centré sur le problème de la morphogenèse en biologie[2], mais bien d'autres domaines sont concernés, comme l'optique géométrique : une partie de la théorie des singularités est d'ailleurs née avec la description de caustiques[3].

La même année, il achève l'essentiel de son livre *Stabilité structurelle et morphogénèse*[4], dont la publication, en 1972, connaît une grande fortune médiatique : « Le nouveau Newton est français », titre alors un grand hebdomadaire. Alors que les idées de R. Thom commencent leur long cheminement en physique, en biologie ou en sciences humaines et sociales, une mode délirante voit dans sa théorie de quoi expliquer tout et n'importe quoi (« Comment éviter un désastre personnel », affirme le sous-titre d'un livre anglo-saxon…) ; ces excès aboutissent à une « démode » tout aussi absurde à la fin des années soixante-dix.

On a alors oublié sur quel socle d'airain repose la théorie : le lemme de transversalité borne la complexité des accidents pouvant survenir dans un système dépendant d'un nombre donné de paramètres ; le théorème « du déploiement universel » montre qu'étant donné un accident de complexité donnée dans un système dépendant d'un nombre arbitraire de variables et de paramètres, il existe un jeu de variables et de paramètres « significatifs », souvent beaucoup moins nombreux, qui permet de décrire l'accident par des formules simples… Un exemple célèbre est la liste des sept « catastrophes élémentaires » pour les systèmes régis par un potentiel dépendant d'au plus quatre paramètres ; aux formules algébriques simples

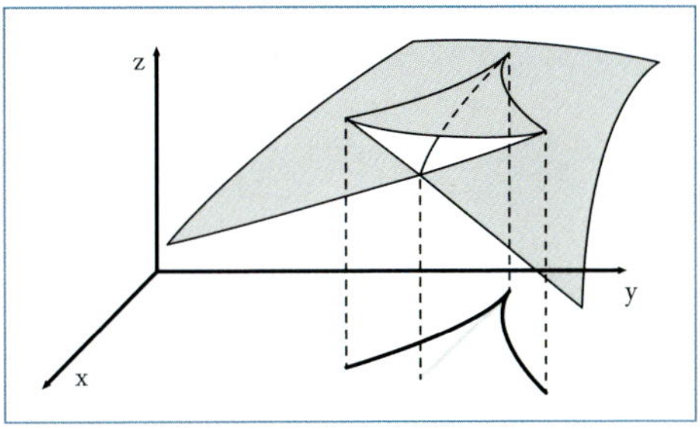

Caustiques dans une piscine (en haut) et queue d'aronde.

obtenues par déploiement universel correspondent des figures géométriques nommées « queue d'aronde », « pli », « fronce », « ombilics », etc.

Ces résultats, d'une grande portée pratique et philosophique, justifient le sous-titre du livre de R. Thom : « Esquisse d'une théorie générale des modèles ». Ils ne permettent pas de prévoir la violence d'un tsunami ou d'un cyclone mais ils fournissent des instruments pour comprendre la genèse de ces catastrophes ; et il n'est pas interdit de penser que de tels modèles nous auraient évité de foncer tête baissée dans la crise des *subprimes*…

Marc CHAPERON

En complément

- *Modèles mathématiques de la morphogenèse*, René Thom (coll. « 10/18 », Union générale d'éditions, 1974 ; Christian Bourgois, 1981).
- « La dimension philosophique de la théorie des catastrophes », Alain Boutot (*La Revue de synthèse*, vol. 107-4, 1988), http://link.springer.com/article/10.1007%2FBF03189162#page-1
- CD-Rom « René Thom, Œuvres complètes » (IHES, 2005), www.ihes.fr/document?id=1747&id_attribute=48

1. *Une théorie dynamique de la morphogénèse*, *in*: *Towards a Theoretical Biology: an IUBS Symposium*, éd. Conrad H. Waddington (Edinburgh University Press, 1968).
2. Comprendre la formation d'un organisme vivant complexe à partir d'une cellule unique est un grand défi.
3. Lieux (brûlants, étymologiquement) où s'accumulent des rayons lumineux.
4. *Structural Stability and Morphogenesis* (*Mathematical Physics Monograph Series*, W. A. Benjamin Inc., 1972).

1969

UN REBOND CYBERNÉTIQUE

Aux États-Unis, un mathématicien et un psychologue mettent en évidence la faible capacité d'apprentissage des réseaux d'automates. Le premier va cependant donner un nouvel élan à l'intelligence artificielle.

Dès l'aube de l'informatique, avec les travaux précurseurs du mathématicien anglais Alan Turing menés durant les années trente, puis avec l'architecture des ordinateurs électroniques de John von Neumann, il apparut que des fonctions très complexes pouvaient être réalisées par un mécanisme de calcul simple, grâce à un programme stocké dans une mémoire. De là suivit l'idée qu'une machine capable de modifier d'elle-même son propre programme en fonction de ses expériences passées, c'est-à-dire d'apprendre ou de s'autoréguler, pourrait accomplir des prouesses. Dans les deux articles qu'il écrivit en 1947 et 1950, A. Turing liait l'intelligence des machines à leurs facultés d'apprentissage. Il restait à savoir comment fabriquer des machines capables d'apprendre.

LE SUCCÈS DU PERCEPTRON

Dès sa naissance en 1943, la cybernétique, science des systèmes autorégulés, rechercha des moyens de configurer des réseaux d'automates (machines pouvant exécuter des opérations élémentaires, comme additionner des 0 et des 1) afin qu'ils soient capables d'apprendre à réaliser des fonctions complexes, comme décoder

Marvin Minsky muni d'un gant interactif, au début des années 1980.

des messages chiffrés. Tout au long des années cinquante, les avancées théoriques encouragèrent les tentatives de mise au point de telles procédures, mais celles-ci n'ont pas permis d'aboutir à des configurations convenables (elles « ne convergeaient pas ») ou elles n'y sont pas parvenues dans un temps raisonnable.

En 1958, cependant, le psychologue américain Frank Rosenblatt réussit à mettre au point une machine capable d'apprendre efficacement à identifier des formes simples à partir d'exemples. Ce dispositif nommé Perceptron se présentait comme une rétine artificielle faite de deux couches d'automates élémentaires, soit autant de « neurones formels ».

Peu avant cette réalisation, en 1956, deux jeunes mathématiciens américains, Marvin Minsky et John McCarthy, avaient organisé une école d'été consacrée à une discipline nouvelle qu'ils ont nommée « intelligence artificielle ». Celle-ci visait à décrire l'apprentissage et d'autres aspects de l'intelligence de façon suffisamment précise pour être reproductibles par des ordinateurs. À cette fin, ils pensaient qu'il fallait recourir non seulement aux réseaux de neurones formels capables d'auto-amélioration mais aussi à des langages pour les ordinateurs, au développement de l'abstraction, à l'analyse de la créativité, etc. Le Perceptron de Rosenblatt rentrait dans le cadre de l'intelligence artificielle, aussi M. Minsky s'y est-il intéressé de près durant les années qui suivirent

En 1969, l'ouvrage intitulé *Perceptrons* fait grand bruit : il sonne le glas de la cybernétique ! Ses auteurs, M. Minsky et son collègue psychologue Seymour Papert, mettent en évidence, à l'aide de démonstrations mathématiques, les limitations des procédures d'apprentissage mises en œuvre sur les réseaux d'automates. Ils montrent en particulier que le Perceptron est incapable d'acquérir une fonction logique aussi triviale que le « ou exclusif ». La conclusion s'impose : ces mécanismes ne suffiront pas pour fabriquer des machines qui perçoivent, construisent des représentations et les manipulent intelligemment.

UN VIRAGE SÉMANTIQUE

Contrairement à une idée répandue encore aujourd'hui, M. Minsky et S. Papert n'ont pas mis en cause la pertinence du modèle du

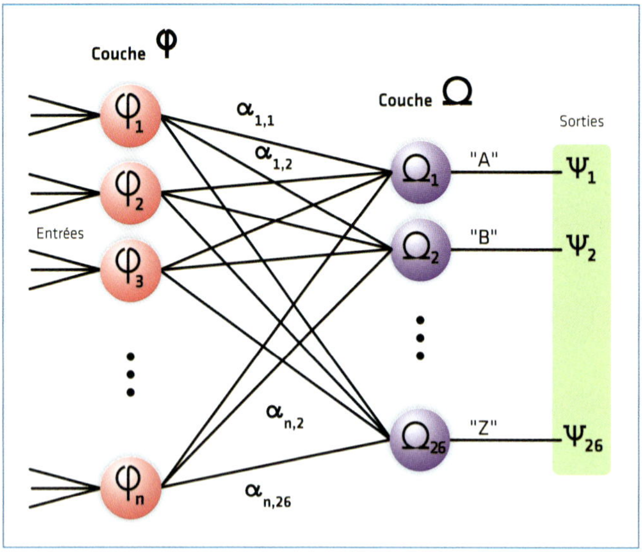

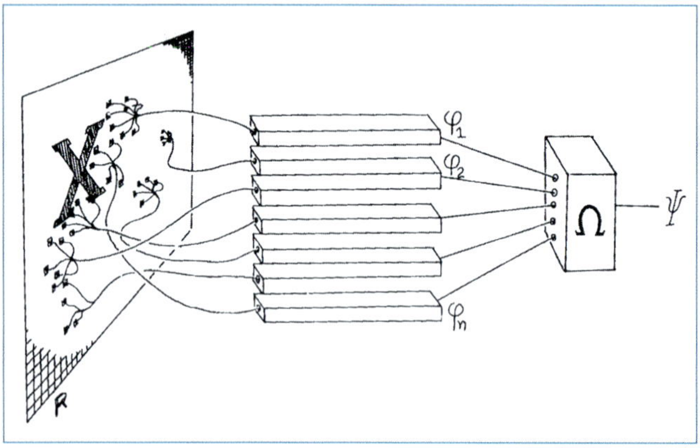

Principe de fonctionnement du Perceptron et, en dessous, un schéma original de F. Rosenblatt en 1958 (source : « The Perceptron: A Probabilistic Model for Information Storage and Organization in the Brain », *Psychological Review*, vol. 65). Deux couches de neurones, φ et Ω, sont interconnectées par des liaisons synaptiques. Les neurones de la couche φ ($\varphi_1,\ldots,\varphi_n$) accèdent à des groupes d'éléments d'un écran R différemment éclairés par la projection d'une forme (par exemple l'image d'une lettre de l'alphabet). À partir de ces différents signaux ou « stimuli » sont calculées n données numériques qui sont transmises aux m neurones de la couche Ω ($\Omega_1,\ldots,\Omega_m$) avec autant de coefficients ou « poids » que de liaisons existantes : $\alpha_{1,1}$, $\alpha_{2,1}$, …, $\alpha_{n,m}$. En fonction de ces nouvelles valeurs, les neurones de Ω calculent chacun une valeur de sortie ψ_j : 0 ou 1 (« faux » ou « vrai »). Dans le cas de l'identification correcte d'une lettre, par exemple X, le neurone associé à la lettre X sort la valeur $\psi_{24}= 1$; tous les autres ψ_j valent 0. La procédure d'apprentissage de Rosenblatt consiste dans une correction automatique des poids $\alpha_{i,j}$ réalisée à chaque erreur commise lors d'essais d'identification de lettre.

Perceptron : bien au contraire, ils ont choisi de l'étudier parce que, selon eux, il illustre de façon remarquablement claire toute une classe de procédures d'apprentissage qui convergent. La « faiblesse » de ce modèle est moins liée à son architecture, constituée seulement de deux couches de neurones, qu'à ses principes de fonctionnement, auxquels l'acquisition d'une multitude de fonctions complexes se révèle inaccessible. Les auteurs concluent à la nécessité, pour dépasser cette limitation, de coupler les réseaux d'automates avec les techniques de l'intelligence artificielle naissante, et notamment de recourir à différents niveaux d'abstraction, dont certains font appel à du traitement symbolique et logique de l'information.

L'intelligence artificielle prend dès lors une nouvelle orientation, un « tournant sémantique » auquel M. Minsky participe activement : au cours des années soixante-dix, il met notamment en œuvre la notion de « cadres de données » (*frame*, en anglais), qui consiste à doter les objets à traiter d'une structure par laquelle ils ne sont plus réduits à un ensemble de données sans signification. Ainsi une chaise ne sera pas traitée seulement comme une image photographique composée de différents pixels, mais aussi comme un élément de la catégorie *mobilier*, comprenant quatre pieds, un siège, un dossier, etc. Nombre d'outils informatiques récents (les langages de programmation orientés vers les objets ; les méthodes du « web sémantique » ; les techniques de représentation des connaissances, telles que les réseaux sémantiques et les graphes conceptuels, etc.) apparaissent comme quelques-uns des héritages de cette approche.

Cependant, par un curieux retournement de situation intervenu au début des années quatre-vingts, les techniques d'apprentissage dites « par rétropropagation du gradient » vont généraliser l'approche de F. Rosenblatt à des perceptrons multicouches. Ces techniques consistent à corriger successivement, de la dernière couche jusqu'à la première, la configuration des connexions ayant conduit le système à commettre une erreur. Elles permettront, au cours des trente années suivantes, de passer outre certaines des limitations énoncées dans l'ouvrage de M. Minsky et S. Papert.

Jean-Gabriel GANASCIA

En complément

- *Les sciences cognitives*, Jean-Gabriel Ganascia (Le Pommier, 2006).
- *Aux origines des sciences cognitives*, Jean-Pierre Dupuy (La Découverte, 2005).
- *L'empire cybernétique*, Cécile Lafontaine (Le Seuil, 2004).
- *La société de l'esprit*, Marvin Minski (InterÉditions, 1988).

AUSSI EN 1969

La chimiste anglaise Dorothy Hodgkin et ses collègues de l'Université d'Oxford décrivent la structure tridimensionnelle de l'insuline grâce à la cristallographie par rayons X. L'avancée est capitale en vue de synthétiser ou de trouver un substitut de cette hormone vitale, dont le déficit est une cause de diabète.

Les progrès de la cybernétique

La cybernétique est née en 1943 avec deux articles *princeps*, alors qu'aucun ordinateur électronique n'avait encore été construit. Appliquée à l'assemblage de relais téléphoniques, à l'aide desquels on exécutait des calculs pour les besoins de la balistique ou du décodage des messages, elle abordait ces dispositifs sous un angle mathématique, tels des réseaux d'automates abstraits. On l'a nommée plus tard « automatique théorique » puis « science des systèmes ».

Le premier article, écrit par A. Rosenblueth, N. Wiener et J. Bigelow, décrit le principe de régulation par *feedback* (rétroaction) d'un système destiné à réaliser une fonction complexe : dans une séquence d'opérations, des informations relatives à l'effet d'une opération particulière peuvent modifier l'opération précédente.

Le second, écrit par W. McCulloch et W. Pitts, montre que des automates élémentaires interconnectés par des liaisons dites synaptiques (car analogues à ce que l'on connaissait des liaisons entre les neurones du cerveau) peuvent réaliser n'importe quelle fonction logique si ces connexions sont organisées en au moins trois niveaux séquentiels (trois « couches »). Dès lors, grâce à ce parallèle fait entre les neurosciences, la logique et l'ingénierie des systèmes électroniques, on espérait reproduire des phénomènes complexes comme ceux dont le cerveau est le siège.

Néanmoins, on ne savait pas configurer un réseau d'automates afin qu'il exécute effectivement toute fonction logique donnée, cette configuration consistant à déterminer les influences de chaque automate sur ceux auxquels il est connecté. On savait encore moins comment procéder pour qu'une machine soit capable de déterminer une configuration *ad hoc* par un apprentissage réalisé à partir d'exemples, pour chacun desquels le système est informé de la réussite ou de l'échec… jusqu'à ce que F. Rosenblatt parvienne, en 1958, à mettre au point le Perceptron.

L'UNIVERS EN 10 DIMENSIONS

Des objets nommés « cordes » font leur apparition dans le bestiaire de la physique théorique. Cette invention ravive le projet d'une description unifiée de toutes les interactions fondamentales.

Gabriele Veneziano en 1994.

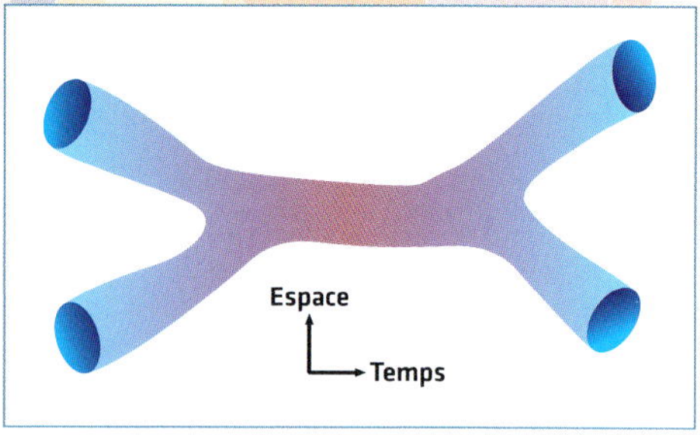

Fusion et brisure de deux cordes dans une projection plane de l'espace-temps. La corde intermédiaire (partie centrale), éphémère, représente une interaction entre deux particules.

Au cours des années soixante, les observations faites au moyen de grands accélérateurs, au Cern, près de Genève, et à Brookhaven, aux États-Unis, indiquent que les particules soumises à l'interaction forte ou « hadrons » (par exemple les protons et les neutrons du noyau atomique, qui présentent différents états « excités ») ont des comportements d'objets composés ; elles défient les théories construites pour des entités ponctuelles. Il faut donc réviser la description de cette interaction. Une première voie aboutit aux quarks et aux gluons du modèle standard[1] ; une autre ouvre une perspective inédite sur l'infiniment petit.

UNE NOUVELLE DESCRIPTION DES COLLISIONS

Établie en 1968, la « formule de Veneziano » doit son nom à un Italien prénommé Gabriele, qui tente, comme d'autres physiciens, d'expliquer diverses caractéristiques de ces hadrons. Visant d'abord à relier le spin[2] des hadrons à leur masse, elle fournit le premier modèle qui rend compte d'une large partie des comportements récemment découverts chez les hadrons. Elle permet en particulier de décrire à la fois l'infinité d'états excités ou « résonances » de deux protons entrant en collision et les interactions de ces états.

Dès 1969, des collègues de G. Veneziano étendent la formule à des collisions plus complexes. À partir de cette généralisation, d'autres théoriciens et G. Veneziano lui-même remarquent que les résonances sont semblables aux modes de vibration d'une corde et que leurs interactions correspondent à la fusion et à la scission de telles cordes. En 1970, des toupies sont incorporées à la corde (elles contribuent à la description du spin du hadron), et l'on découvre l'existence d'une symétrie entre les états des toupies et les vibrations de la corde. Cette « supersymétrie » rend cohérente la description des couples corde-spin (les « supercordes »).

Le mouvement non accéléré d'une particule ponctuelle entre deux lieux de l'espace-temps à quatre dimensions décrit une ligne de longueur minimale reliant ces deux points. De façon

1. *Cf.* p. 70.
2. Moment cinétique quantique, qui est un multiple entier ou demi-entier de la constante de Planck.

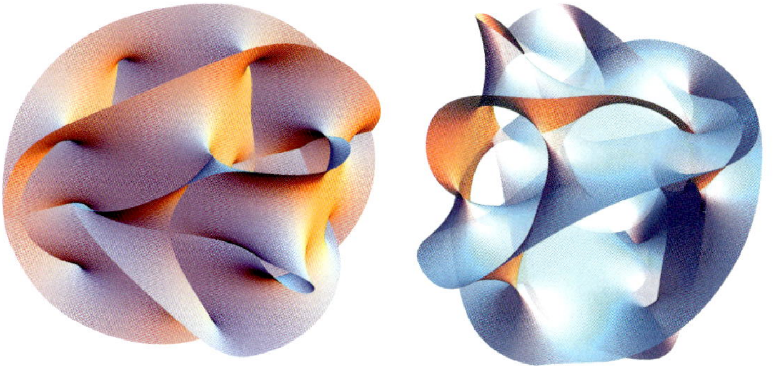

Projections planes d'un espace à 6 dimensions dans lequel peut se mouvoir une corde. Parmi les 10 dimensions des supercordes, celles qui s'ajoutent à l'espace-temps classique seraient très petites ; leurs formes rendraient compte de toute la diversité des particules élémentaires : électron, photon, quarks, gluons, boson de Higgs, etc.

analogue, on montre qu'une corde balaie une surface minimale dans un espace-temps à vingt-six dimensions[1], ou dix pour une supercorde, alors que l'espace-temps que nous connaissons communément n'en a que quatre. Toutefois, la théorie des supercordes fournit seulement un moyen de rendre compte de certaines observations expérimentales et laisse sans solutions plusieurs grands problèmes. L'enthousiasme qu'elle a déclenché retombe vite face au succès du modèle standard.

LE GRAAL DE LA PHYSIQUE FONDAMENTALE

L'approche présente néanmoins une grande cohérence et, en 1974, Joël Scherk, John Schwarz et Tamiaki Yoneya proposent de tenter d'en dériver une théorie quantique unifiée, celle d'une seule interaction fondamentale, de laquelle seraient issues toutes les autres : forte, électromagnétique, faible et gravitationnelle, cette dernière étant dotée d'une particule médiatrice ou « vecteur » de masse nulle et de spin 2, le graviton. Si l'on y parvenait, on accomplirait la grande unification imaginée par Albert Einstein.

La communauté des physiciens redevient fébrile lorsque John Schwarz et Michael Green découvrent en 1984 que les supercordes, bien que non symétriques par réflexion dans un miroir imaginaire, n'ont pas les incohérences ou « anomalies de jauge » partagées par la plupart des théories dépourvues de cette « symétrie droite-gauche ». Le nombre d'hypothèses restant à faire pour que toutes les interactions et particules connues puissent être complètement décrites par les supercordes s'en trouve en effet réduit.

Cependant, de grands défis restent à relever : préciser la structure des dimensions complémentaires de celles de l'espace-temps ordinaire ; compléter les modèles cosmologiques du Big Bang et de l'inflation initiale de l'Univers ; faire des prédictions testables pour étayer ou affiner la théorie unifiée. Ce dernier défi paraît hors de portée, hélas : le rapprochement entre la gravitation et les trois autres forces ne semble possible qu'à une énergie 10^{15} fois plus élevée que celle délivrée par les plus grands accélérateurs-collisionneurs actuels !

André NEVEU

1. Comme une bulle de savon forme une surface d'aire minimale (une sphère) dans l'espace à trois dimensions.

En complément

- *Petite introduction à la théorie des cordes*, Steven S. Gubser (Dunod, 2012).
- http://iramis.cea.fr/ComScience/Phases/phases_03/p3article1.html

SEULS SUR LA LUNE

Le 20 juillet, l'Américain Neil Armstrong effectue un pas qui devient immédiatement célébrissime. La préparation et les conséquences de cet événement sont moins connues mais cependant remarquables.

Edwin « Buzz » Aldrin et le module lunaire d'Apollo 11 photographiés par Neil Armstrong.

En avril 1961, les États-Unis se sentent contestés dans leur désir de suprématie technique par le voyage spatial de Youri Gagarine[1] et dans celui de supériorité idéologique et militaire par l'échec du débarquement d'exilés cubains dans la baie des Cochons, qui visait à renverser le gouvernement prosoviétique de Fidel Castro. C'est pour faire oublier ces revers que le président américain John Kennedy, rapport de la Nasa à l'appui, lance un défi à l'Union soviétique et à la société américaine elle-même : le 25 mai, devant le Congrès américain, il annonce sa décision de faire marcher un Américain sur la Lune avant la fin de la décennie.

UN PROJET TRÈS COMPLEXE

Dès 1957, peu avant la création de la Nasa, les États-Unis préparaient des vols habités autour de la Lune. Un alunissage ne semblait pas prévu et, sans pression politique intense, ces vols devaient être échelonnés sur plusieurs décennies.

Les efforts requis par le programme Apollo d'exploration humaine de la Lune sont colossaux, sans précédent pour un projet civil. Le calendrier très tendu n'est pas la moindre contrainte de ce défi. La première tâche de la Nasa est de garantir des ressources budgétaires suffisantes ; la deuxième consiste à organiser la direction et la gestion à la fois financière et calendaire du programme, tout en assurant la fiabilité de chaque élément du système.

Les programmes de vols habités Mercury et Gemini sont révisés et intensifiés (le premier vise à maîtriser le séjour d'astronautes dans l'espace ; le second est plutôt dédié aux manœuvres orbitales). Les caractéristiques de la Lune doivent être mieux connues. En particulier, il faut cartographier précisément sa surface, grâce à l'envoi de sondes *Ranger* (les six premières échoueront)

1. *Cf.* p. 13.

Lancement de *Saturn V*, le 16 juillet 1969.

et *Lunar Orbiter*. Le programme Surveyor, voué à l'exploration exclusivement robotisée de la Lune, est modifié afin de développer et tester rapidement des techniques d'alunissage en douceur d'un module lourd. Enfin, Apollo doit valider les systèmes développés avant de procéder aux alunissages visés. Il commence très mal : la première des vingt missions prévues (il y aura onze vols habités sur dix-sept missions effectives) se solde par la mort de trois astronautes lors de l'incendie de leur capsule au sol.

Quant au trajet, trois options se présentent : l'aller-retour direct d'un gros vaisseau porté par le lanceur ; l'aller-retour d'un vaisseau plus petit assemblé sur une station en orbite terrestre ; le détachement d'un module porté par un vaisseau envoyé sur une orbite lunaire. Après des calculs de trajectoires, de coûts et de risques, c'est la troisième option (la plus économe en termes de masse à propulser) qui est retenue. Il faut alors mettre au point la séparation du module d'alunissage de celui qui restera en orbite lunaire, puis le redécollage du premier et son rendez-vous avec le second pour revenir vers la Terre.

UNE MULTITUDE D'ACTEURS

La mission est divisée en neuf « segments », qui mobilisent tous des partenaires industriels. La conception et la qualification étape par étape, étage par étage, de la fusée *Saturn V* (qui reste à ce jour le plus gros lanceur utilisé, avec 110,6 mètres de haut et 3 043 tonnes au décollage) en constituent l'un des plus visibles, mais des milliers d'ingénieurs sont aussi engagés dans la conception et la fabrication de systèmes innovants pour fournir aux modules l'énergie, les capacités de navigation automatique ou manuelle, l'isolation du rayonnement solaire et les conditions de vie et de sûreté qui sont requises. Plus de cinq cents entreprises collaborent directement avec la Nasa ; la plupart d'entre elles travaillent avec des sous-traitants. La Nasa compte jusqu'à 41 000 employés et près de 350 000 personnes participent au projet dans l'industrie ! Dans le même temps, de nombreux scientifiques analysent les données des différents programmes pour apprendre la physiologie humaine en micropesanteur, connaître le sol lunaire, calibrer et protéger les instruments de mesure qui seront soumis à de fortes variations de température (de -150 à 120 ° C), etc.

Cette immense mobilisation conduit au succès de la mission Apollo 11, suivie en direct par 530 millions de téléspectateurs. Neil Armstrong et Buzz Aldrin se meuvent sur la Lune,

plantent le drapeau de leur pays, prennent des photographies, collectent des pierres, posent un réflecteur utile à la télémétrie laser… Cinq des six missions suivantes amélioreront les techniques spatiales mises en œuvre, poursuivront l'exploration lunaire, installeront plusieurs réflecteurs et d'autres instruments scientifiques (des sismographes, des magnétomètres, des détecteurs de particules, etc.) et collecteront de nouveaux échantillons.

APRÈS LA LUNE, LE DÉGEL

En treize ans, les États-Unis ont dépensé 25,4 milliards de dollars (qui représentent 120 milliards d'euros actuels et 30 fois le budget annuel de l'Agence spatiale européenne), soit 1,4 % du budget fédéral total sur cette période, avec une pointe à 5,3 % en 1965. Outre des capacités industrielles supérieures à celles des Soviétiques, c'est cette faculté d'investissement financier et l'élan patriotique des États-Unis qui ont rendu possible le succès. Le triomphe est tel que l'URSS abandonne son programme secret de vol habité vers la Lune, après quatre échecs de sa fusée N1, mettant ainsi un point final à la « compétition spatiale ». Tandis que les Américains mettent en avant leur supériorité technique, l'échec des Soviétiques semble dû surtout à un ensemble de facteurs : le manque de moyens financiers et humains ; la difficulté à mobiliser et à encadrer les meilleurs ingénieurs autour d'un projet secret ; de mauvais choix techniques…

En l'absence de compétition et d'enjeu, les vols vers la Lune cessent en 1972 et une coopération américano-soviétique voit le jour. En 1967, déjà, le Traité de l'espace engageait ses signataires à exclure toute appropriation et toute arme de destruction massive au-delà de l'atmosphère terrestre. En 1975, la mission conjointe Apollo-Soyouz concrétisera cette nouvelle ère de l'exploration spatiale.

Michel VISO

En complément

- *Ici la base de la Tranquillité*, Serge Bordères (Cepaduès, 2011).
- www.cnes.fr/web/CNES-fr/7783-l-aventure-apollo.php
- www.hq.nasa.gov/office/pao/History/SP-350/toc.html

AUSSI EN 1969

Le premier microprocesseur, Intel 4004, est créé par l'ingénieur américain Marcian « Ted » Hoff au sein de la société Intel, en collaboration avec Stan Mazor et Federico Faggin. Il sera commercialisé en 1971.

De grands retours sur investissement

Les retombées du programme Apollo dépassent largement la politique, la symbolique et l'astronautique : l'essaimage du management, des compétences et de « l'approche qualité » a dopé l'économie, aux États-Unis et ailleurs.

La Nasa a listé une cinquantaine d'applications innovantes directement issues des techniques et des procédés développés pour Apollo : matériaux divers ; systèmes de traitement des eaux et des déchets ; gestion de l'énergie… Comme les moteurs de la capsule Apollo demandaient des valves réglables, légères, fiables et précises, les systèmes mécaniques classiques ont été remplacés par un système magnétique contrôlé électroniquement, une technologie aujourd'hui embarquée dans des voitures et des camions (ils y remplacent des arbres à cames). Une multitude d'équipements ont bénéficié de nouveaux tissus ou revêtements isolants : toiles de survie, protection thermique des moteurs ou de piliers de bâtiment contre le feu, vêtements de pompiers ou de pilotes, etc. Actuellement encore, certaines entreprises ne manquent pas d'indiquer, dans leur réclame, la filiation entre leurs produits et Apollo.

Les conséquences scientifiques de la conquête lunaire se sont aussi révélées importantes. En particulier, l'augmentation de la distance entre la Terre et la Lune, due à des effets de marée, a été mesurée précisément (près de 3,8 cm par an) par télémétrie laser, grâce aux réflecteurs installés en différents points de la surface lunaire. Les informations recueillies par ce moyen sur la constitution interne des deux astres et l'analyse des échantillons rapportés sur Terre ont conforté l'hypothèse selon laquelle la Lune serait issue de la collision entre la Terre et un autre grand astre.

Comme le développement des circuits intégrés et celui de la fiabilité logicielle, parmi d'autres avancées technologiques, la conception de ces combinaisons antifeu a bénéficié du programme Apollo.

LES MICROBES DE L'EXTRÊME

Une bactérie capable de vivre à plus de 75° C est isolée par un microbiologiste américain. Cette découverte aura de grandes conséquences scientifiques et techniques.

Source chaude dans le Parc national de Yellowstone.

Formé à la chimie et docteur en botanique, Thomas Brock est un microbiologiste curieux et débrouillard. En 1965, il s'intéresse à des filaments et des tapis colorés présents dans les sources chaudes du Parc national de Yellowstone. Sous le microscope, ces structures se révèlent riches de micro-organismes.

L'existence de bactéries vivant à des températures supérieures à 55 °C est alors connue mais n'a pas encore fait l'objet d'étude systématique. T. Brock se lance dans cette entreprise. En 1969, il isole puis cultive en laboratoire une bactérie particulièrement thermophile : capable de vivre jusqu'à 79 °C, *Thermus aquaticus* semble se plaire surtout entre 70 et 75 °C !

LA CHASSE AUX « EXTRÊMOPHILES »

Cette découverte déclenche une quête internationale d'organismes vivant dans des environnements extrêmes : température très élevée ou très basse, forte concentration de sels, pH très acide ou très alcalin, haute pression, présence de radiations... Petit à petit, on découvre une vie microbienne dans nombre de milieux que l'on croyait stériles.

En 1972, T. Brock isole des micro-organismes encore plus thermophiles que *T. aquaticus* dans les sources de Yellowstone et dans des solfatares (fumerolles volcaniques riches en soufre) situées en Italie. Se développant jusqu'à 85 °C et dans des milieux très acides (pH entre 2 et 3), ils tirent leur énergie de l'oxydation du soufre en acide sulfurique. T. Brock classe ces organismes thermoacidophiles dans un nouveau genre, nommé *Sulfolobus*.

Sulfolobus est bientôt impliqué dans une autre découverte sensationnelle. L'Américain Carl Woese a entrepris de construire une classification des organismes, tel un arbre universel du vivant, en analysant la séquence de nucléotides d'un ARN du ribosome (la « machine universelle » qui synthétise les protéines) chez des espèces aussi différentes que possible : Homme, levures, bactéries, etc. Sa surprise est énorme lorsqu'il constate que *Sulfolobus* et d'autres organismes thermophiles forment un groupe très distinct des eucaryotes

Thomas Brock collectant des échantillons dans le parc de Yellowstone, en 1964.

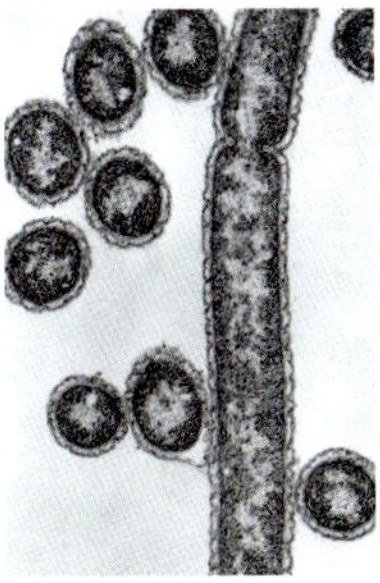

Bactérie *Thermus aquaticus* vue au microscope électronique.

(animaux, plantes, champignons...) et surtout des bactéries ! Il vient de découvrir « le troisième domaine du vivant », celui des archées, des micro-organismes qui ressemblent aux bactéries mais dont le fonctionnement moléculaire est plus proche de celui des eucaryotes.

UNE ORIGINE CHAUDE DE LA VIE ?

Archées et bactéries thermophiles semblent occuper les branches les plus profondes de l'arbre du vivant. Elles pourraient donc dériver d'un aïeul déjà thermophile, ce que suggèrent aussi certaines analyses des gènes et des protéines ancestrales. S'opposant à l'idée traditionnelle selon laquelle la vie aurait vu le jour dans une « soupe primitive » froide à la surface des océans, l'hypothèse d'un ancêtre thermophile, ajoutée à celle d'une Terre primitive chaude et à la découverte de la vie microbienne dans des sources hydrothermales sous-marines, suscite l'idée que la vie est née à haute température au fond des océans.

DES TRÉSORS BIOTECHNOLOGIQUES

Alors que les eucaryotes ne supportent guère plus de 60 °C et qu'aucune bactérie connue ne résiste au-dessus de 95 °C, certaines archées développent leur cycle de vie au-delà de 100 °C. Le record actuel appartient à une souche de *Methanopyrus kanderi*, qui vit entre 90 et 122 °C dans des sources hydrothermales sous-marines.

Les organismes hyperthermophiles ont plusieurs caractéristiques qui empêchent l'altération de leurs macromolécules par des températures élevées. Tandis que les phospholipides des membranes cellulaires forment couramment une double couche avec des queues hydrophobes orientées vers l'intérieur de la membrane, chez ces organismes les queues sont fusionnées pour former une membrane monocouche résistante à la dénaturation par chauffage et à une fuite d'ions essentiels pour la cellule. Autre exemple : la double hélice de leur ADN est préservée par une enzyme spécifique, la gyrase inverse.

Leurs enzymes sont d'ailleurs une aubaine pour les biotechnologies : on peut les ajouter à un détergent pour faire une lessive efficace à haute température, les utiliser dans la dépollution de rejets industriels chauds... L'emploi le plus remarquable est sans doute celui de l'ADN polymérase de *T. aquaticus* : capable de recopier abondamment l'ADN par une réaction en chaîne (la PCR ou *Polymerase Chain Reaction*), cette enzyme *Taq* a révolutionné les techniques d'identification des gènes et des micro-organismes.

Purificación LÓPEZ-GARCÍA

En complément

- *Brock, Biologie des micro-organismes,* Michael T. Madigan et John. M. Martinko (Pearson Sciences, 2012).
- *Microbes de l'enfer,* Patrick Forterre (Belin, 2007).
- *Le Soleil, la Terre...la vie : la quête des origines,* Robert Pascal, Hervé Martin, Muriel Gargaud, Purificación López-García, Thierry Montmerle (Belin, 2009).

A

B

C

D

E

LES AUTEURS

Sophie ARCHAMBAULT DE BEAUNE, professeure de préhistoire et protohistoire à l'université Jean-Moulin – Lyon 3, chercheuse au laboratoire « Archéologies et sciences de l'Antiquité » (UMR 7041, CNRS/universités Paris-Sorbonne et Paris-Nanterre). [**L'archéologie élargie p. 76**]

Antoine BALZEAU, directeur de recherche au CNRS, laboratoire « Histoire naturelle de l'homme préhistorique », (UMR 7194, CNRS/Muséum national d'histoire naturelle). [**L'invention de *Homo habilis* p. 29**]

Christine BARD, professeure d'histoire contemporaine à l'université d'Angers, directrice de la structure fédérative de recherche Confluences, chercheuse au Centre de recherches historiques de l'Ouest (UMR 6258 CNRS/universités d'Angers, du Maine, Bretagne-Sud et Rennes 2). [**La bataille de la pilule p. 31**]

Michel BOURIN, professeur à la faculté de médecine de l'université de Nantes, chercheur au Laboratoire de neurobiologie de l'anxiété et de la dépression (université de Nantes). [**Le GHB, du médicament à la « drogue du violeur » p. 48**]

Ludwik CELNIKIER, directeur de recherche au CNRS, Laboratoire d'études spatiales et d'instrumentation en astrophysique (CNRS/Observatoire de Paris-Meudon). [**Les langes de l'Univers p. 81**]

Valérie CHANSIGAUD, chercheuse associée au laboratoire Sphere (CNRS/université Paris-Diderot). [**La crise du DDT p. 52**]

Marc CHAPERON, professeur de mathématiques à l'université Paris-Diderot, chercheur à l'Institut de mathématiques de Jussieu – Paris Rive gauche (UMR 7586, CNRS/université Paris-Diderot/université Pierre-et-Marie-Curie). [**La théorie des catastrophes p. 122**]

François CHAST, professeur à l'université Paris-Descartes, chef du service de pharmacie clinique, groupe hospitalier des hôpitaux universitaires Paris-Centre (Cochin, Hôtel-Dieu, Broca). [**La bataille de la pilule p. 31**]

Michel COTTE, professeur émérite d'histoire des techniques de l'université de Nantes, chercheur associé au centre François-Viète d'épistémologie et d'histoire des sciences et des techniques de l'université de Nantes (EA 1161). [**Des fleuves d'informations p. 95**]

Jean-Claude DUPONT, professeur d'histoire et de philosophie des sciences à l'université de Picardie Jules-Verne, chercheur au Centre d'histoire des sciences, des sociétés et des conflits (CHSSC-EA 4289, Amiens). [**De la chimie dans les pensées p. 62**]

Sébastien DUTREUIL, doctorant en philosophie des sciences à l'Institut d'histoire et de philosophie des sciences et des techniques (IHPST, université Paris 1 Panthéon-Sorbonne, UMR 8590). [**Gaïa, hypothèse détonante p. 106**]

Jean-Gabriel GANASCIA, professeur d'informatique à l'université Pierre-et-Marie-Curie (Paris), chercheur au Laboratoire d'informatique de Paris 6 (UMR 7606, CNRS/université Pierre-et-Marie-Curie). [**Un rebond cybernétique p. 124**]

Jean-Luc GODET-LARTIGAUD, maître de conférences en physique à l'université d'Angers, chercheur associé au centre François-Viète. [**La supraconductivité éclairée p. 15**]

Olivier HOUDÉ, professeur de psychologie à l'université Paris-Descartes, directeur du Laboratoire de psychologie du développement et de l'éducation de l'enfant (FRE 3521 LaPsyDÉ, CNRS/université Paris-Descartes/université de Caen Basse-Normandie). [**L'apprentissage en théorie p. 97**]

Benoit LANGLAIS, directeur de recherche au CNRS, Laboratoire de planétologie et géodynamique de Nantes (UMR 6112, CNRS/ université de Nantes). [[**Un bouclier pour la vie p. 21**]]

Stéphane LE GARS, professeur des lycées en physique, chercheur associé au centre François-Viète à Nantes. [[**Et le laser fut ! p. 35**]]

Jacques LE PENDU, directeur de recherche à l'Inserm, directeur du Centre de recherche en cancérologie Nantes-Angers (UMR Inserm 892/ CNRS 6299), Institut de recherche en santé de l'université de Nantes. [[**Un grand pas pour l'immunité p. 19**]]

Christophe LETELLIER, professeur de physique à l'université de Rouen, chercheur au Complexe de recherche interprofessionnel en aérothermochimie (UMR 6614 Coria, CNRS/Insa/université de Rouen). [[**Et le chaos devint descriptible p. 64**]]

Philippe LE VIGOUROUX, professeur agrégé de sciences de la vie, de la Terre et de l'Univers, doctorant en histoire des sciences au centre François-Viète à l'université de Nantes. [[**La surface changeante de la Terre p. 118**]]

Laurent LOISON, chercheur post-doctorant au sein du département d'histoire des sciences de la vie et de la santé de l'université de Strasbourg. [[**Un déblocage génétique p. 44**]]

Purificación LÓPEZ-GARCÍA, directrice de recherche au CNRS, laboratoire « Écologie, systématique et évolution » (UMR 8079, CNRS/ université Paris-Sud). [[**Les microbes de l'extrême p. 134**]]

Pierre MARAGE, professeur de physique et d'histoire des sciences à l'Université libre de Bruxelles, directeur de la section « Histoire des sciences et de la pensée scientifique » à l'Institut des hautes études de Belgique. [[**La matière dénoyautée p. 70**]]

Maurice MASHAAL, docteur en physique théorique, rédacteur en chef de la revue *Pour la Science*. [[**Des maths modernisées p. 91**]]

Dominique MASSIOT, directeur de l'Institut de chimie du CNRS, directeur de recherche au CNRS, laboratoire « Conditions extrêmes et matériaux : haute température et irradiation » (CNRS-Orléans). [[**La RMN démultipliée p. 79**]]

Adrien MEGUERDITCHIAN, chargé de cours à l'université Aix-Marseille, chercheur CNRS en psychologie comparée au Laboratoire de psychologie cognitive (UMR 7290, CNRS/ Université Aix-Marseille). [[**Des singes ingénieux p. 37**]]

Vincent MINIER, chercheur au CEA-Saclay, laboratoire « Astrophysique des interactions multi-échelles » (UMR 7158, CNRS/CEA/université Paris-Diderot), chercheur associé au centre François-Viète. [[**Un choc martien p. 87 ; Des phares cosmiques p. 103**]]

Pierre MOUNIER-KUHN, chargé de recherche CNRS spécialiste d'histoire de l'informatique, université Paris-Sorbonne et centre Alexandre-Koyré d'histoire des sciences et des techniques. [[**L'informatique ergonomique p. 68 ; Les prémices d'Internet p. 112**]]

Olivier NÉRON DE SURGY, docteur en astronomie, journaliste-écrivain scientifique et enseignant en mathématiques. [[**Avant-propos p. 7**]]

André NEVEU, directeur de recherche au CNRS, chercheur au laboratoire Charles-Coulomb (UMR 5221, CNRS/université Montpellier 2). [[**L'Univers en 10 dimensions p. 128**]]

Béatrice NOGUES, maître de conférences à l'université de Nantes, ancien praticien hospitalier au service d'explorations fonctionnelles du CHU de Nantes et ancienne responsable du Centre du sommeil de ce CHU. [[**Le sommeil n'est plus ce qu'il était p. 27**]]

Alain PAVIE, responsable du service de chirurgie cardiaque et thoracique, groupe hospitalier Pitié-Salpêtrière (Paris). [[**Les battants du cœur p. 101**]]

Sophie PÉCAUD, docteur en philosophie de l'université Panthéon-Sorbonne, chargée d'enseignement à l'université de Nantes, chercheuse associée au Centre atlantique de philosophie (EA 2163) et au centre François-Viète. [[**Karl Popper redéfinit la science p. 23**]]

Jean-Robert PETIT, directeur de recherche émérite au CNRS, Laboratoire de glaciologie et géophysique de l'environnement (UMR 5183, CNRS/université de Grenoble). [[**Les surprises de Vostok p. 9**]]

Loïc PÉTON, doctorant en histoire des sciences au centre François-Viète à Brest (université de Bretagne occidentale). ⟦ **La conquête des profondeurs p. 42** ⟧

David POUVREAU, professeur agrégé de mathématiques, docteur en histoire des sciences de l'EHESS (École des hautes études en sciences sociales), chercheur associé au Bertalanffy Center for the Study of Systems Science (Vienne, Autriche). ⟦ **Le monde systématisé p. 116** ⟧

Nicolas ROUSSIAU, professeur de psychologie sociale à l'université de Nantes, chercheur au Laboratoire de psychologie des Pays de la Loire (EA 4638, universités de Nantes et d'Angers). ⟦ **Les pantins de l'autorité p. 59** ⟧

Pierre SAVATON, maître de conférences en histoire et épistomologie des sciences de la Terre à l'université de Caen Basse-Normandie, chercheur au centre François-Viète. ⟦ **Une datation presque parfaite p. 40** ⟧

Thibaut SERVIANT-FINE, doctorant en histoire des sciences au laboratoire « Sciences et Société ; Historicité, Éducation, Pratiques » (S2HEP, université Claude-Bernard - Lyon 1/ENS de Lyon). ⟦ **Un médicament issu de forêts p. 110** ⟧

Stéphane TIRARD, professeur d'histoire des sciences à l'université de Nantes, directeur du centre François-Viète. ⟦ **Avant-propos p. 7 ; *Spoutnik 1* ou l'espace conquis p. 13 ; L'Homme dans une éprouvette p. 50** ⟧

Sacha TOMIC, docteur en histoire et épistémologie des sciences, chercheur à l'Institut d'histoire moderne et contemporaine-Centre d'histoire des sciences et d'histoire des techniques (IHMC-CH2ST), université Paris 1 Panthéon-Sorbonne. ⟦ **Plus solide que l'acier p. 85** ⟧

Michel VANCASSEL, directeur de recherche honoraire au CNRS, chercheur au laboratoire Écobio (UMR 6553, CNRS/université Rennes 1). ⟦ **Vers la fin du tout-génétique p. 56** ⟧

Michel VEUILLE, directeur d'études à l'École pratique des hautes études (EPHE, Paris), institut « Systématique, évolution, biodiversité » (UMR 7205, CNRS/MNHN/UPMC/EPHE). ⟦ **La génétique de l'altruisme p. 74** ⟧

Michel VISO, docteur vétérinaire, spationaute, responsable de la thématique « exobiologie » au Centre national d'études spatiales (Cnes) à Paris. ⟦ **Seuls sur la Lune p. 130** ⟧

Crédits photographiques

Couverture : hg, Nasa ; hmg, bunyos/iStock/Thinkstock ; hmd, Nasa ; mhg, Pavel Losevsky/iStock/Thinkstock ; mhm, Nasa ; mbg, Max Planck Gesellschaft ; mbm, Michael Nichols/National Geographic/Getty ; mbd, Service des Archives/Institut Pasteur ; bg, coll. particulière ; bmd, Arfiv/CNRI/Cosmos – **Fonds couverture et intérieur :** denim textures by Premium Pixels ; dimitri_k, amiloslava, Michael McDonald, Dale Taylor, Mysondanube, Jet_spider, Tashechka/iStock/Thinkstock – **p. 10 :** Ria Novosti/SPL/Cosmos – **p. 13 :** Sergei Arsenev – **p. 14 :** Nasa – **p. 15 :** Université de Neuchâtel, Suisse – **p. 16 :** Alex Needham – **p. 19 :** Gamma-Keystone/Getty – **p. 20 :** Jubal Harshaw/Shutterstock – **p. 21 :** Rainbow Joe/iStock/Thinkstock – **p. 23 :** Anna Weise/Akg Images – **p. 24 :** Prapass Wannapinij/iStock/Thinkstock – **p. 25 :** Worcester Polytechnic Institute, Department of Humanities & Arts – **p. 27 :** Evgeny Sergeev/iStock/Thinkstock – **p. 28 :** Centre du sommeil, CHU de Nantes – **p. 29 :** John Reader/SPL/Cosmos – **p. 30 :** Robert F. Sisson/National Geographic/Getty – **p. 31 :** MFPF – **p. 32 :** CCI Archives/SPL/Cosmos – **p. 33 :** Bettmann/Corbis – **p. 35 :** Greg Vojtko/U. S. Navy – **p. 37 :** Michael Nichols/National Geographic/Getty – **p. 39 :** Fuse/Thinkstock – **p. 40 :** Photos.com/Thinkstock – **p. 42g :** Ifremer – **p. 42d :** Noregret/Shutterstock – **p. 44 :** Service des Archives/Institut Pasteur – **p. 45h :** Antoinette Ryter/Institut Pasteur – **p. 45b :** Institut Pasteur – **p. 46 :** F. Jacob et J Monod, *Journal of Molecular Biology*, 1961, vol. 3 – **p. 48h :** Keystone/Getty – **p. 48b :** Ben Mills – **p. 49 :** Yale Joel/The Life Collection/Getty – **p. 50 :** Keystone/Getty – **p. 51g :** Arfiv/CNRI/Cosmos – **p. 52 :** coll. particulière – **p. 53 :** Bettmann/Corbis – **p. 54 :** Alfred Eisenstaed/The Life Collection/Getty – **p. 55h :** Bettmann/Corbis – **p. 55b :** Ben Mills – **p. 56 :** Max Planck Gesellschaft – **p. 57 :** Bildagentur Zonnar GmbH/Shutterstock – **p. 58 :** Anastasia Tveretinova/Shutterstock – **p. 59 :** Corbis – **p. 60 :** Yale University Library, MSSA, Sterling Memorial Library – **p. 62 :** John Curtin School of Medical Research, Australian National University – **p. 64 :** Nasa/GSFC – **p. 68 :** The Trustees of Dartmouth College – **p. 69 :** Apic/Hulton Archive/Getty – **p. 70 :** 1978 CERN – **p. 71 :** Riccardo Maria Bianchi, Atlas Collaboration/CERN – **p. 72b :** 1972 CERN – **p. 74 :** Hung Meng Tan/iStock/Thinkstock – **p. 75 :** Kangarooarts/iStock/Thinkstock – **p. 76 :** cliché H. Cohen/CNRS-CAP – **p. 77 :** Roger Agache/DRAC de Picardie – **p. 79g :** ETH Zürich – **p. 79d :** Stockbyte/Thinkstock – **p. 81 :** Nasa – **p. 82h et m :** Nasa/WMAP Science Team – **p. 82b :** ESA – **p. 83 :** Nasa/ESA/G. Illingworth, D. Magee, P. Oesch, University of California Santa Cruz, R. Bouwens, Leiden University & the HUDF09 Team – **p. 84 :** Ted Thai/The Life Collection/Getty – **p. 85g :** DuPont – **p. 85d :** Bibiphoto/Shutterstock – **p. 87 :** Nasa/JPL/MSSS – **p. 88 :** Nasa/JPL – **p. 89 :** Costa/Leemage – **p. 90 :** Nasa/JPL-Caltech/University of Arizona – **p. 91 :** Paolo Ribenboim – **p. 92h :** Bridgeman Images/Archives Charmet – **p. 92b :** Archives PLS – **p. 93 :** Archives PLS – **p. 95 :** Pavel Losevsky/iStock/Thinkstock – **p. 97 :** Monkeybusiness/iStock/Thinkstock – **p. 98b :** Bill Anderson/Science Source/BSIP – **p. 99 :** O. Houdé, université Paris-Descartes, CNRS – **p. 101 :** Paul Popper/Popperfoto/Getty – **p. 102 :** Thoratec Corporation – **p. 103 :** X-ray : Nasa/CXC/ASU/J. Herster et al ; optical : Nasa/ESA/ASU/J. Herster & A. Loll ; infrared : Nasa/JPL-Caltech/Univ. Minn./R. Gehrz – **p. 104 :** SSPL/Cosmos – **p. 105h :** Jocelyn Bell Burnell – **p. 105b :** JM Smits – **p. 106 :** Nasa/GSFC Scientific Visualization Studio – **p. 107h :** Nasa – **p. 107b :** Science Museum, London – **p. 108 :** coll. Christophe L – **p. 110h :** RTI International – **p. 110b :** David Nunuk/SPL/Cosmos – **p. 111 :** Molekuul.be/Shutterstock – **p. 112 :** Michael Jung/iStock/Thinkstock – **p. 113h :** *ARPANET Completion Report, 1978* – **p. 113d :** Dr Paul Ceruzzi – **p. 114 :** UCLA – **p. 115 :** 2012 Internet Census – **p. 116 :** Ismagilov/Shutterstock – **p. 117 :** James G. Miller, *Contemporay Sociology*, vol 8, 1979 – **p. 118 :** Stocktrek Images/Thinkstock – **p. 120b :** Walter Pitman III & James Heirtzler, 1966 – **p. 121 :** X. Le Pichon, *Journal of Geophysical Research*, 1968 – **p. 122 :** Stormchase/iStock/Thinkstock – **p. 123 :** Wolfe Lamy/iStock/Thinkstock – **p. 124 :** David Paul Morris/Bloomberg/Getty – **p. 125 :** Dan McCoy-Rainbow/Science Faction/Corbis – **p. 128g :** Patrick Loiez, 1994 CERN – **p. 129 :** Lunch – **p. 130 :** Nasa – **p. 131 :** Nasa/KSC – **p. 132 :** Nasa – **p. 133 :** Hrabar/iStock/Thinkstock – **p. 134 :** Berti123/iStock/Thinkstock – **p. 135g et d :** Thomas D. Brock, University of Wisconsin-Madison.

Iconographie : Valérie Delchambre.

Infographies : tous les schémas et cartes ont été réalisés par RC2C, à l'exception de celui de la p. 51 (Sophie Jacopin).

Réalisation graphique : Nathalie Fatou.

IMPRIM'VERT®

Imprimé en France par Chirat - 42540 Sainbt-Just-la-Pendue
N° d'imprimeur : 201409.0307 - Dépôt légal : octobre 2014
N° d'édition : 70118355-01